国家自然科学基金“选择性转发攻击下的城市小区域车联网级联失效机理及防御策略”（61802333）

无线传感器网络容错拓扑与路由安全技术

尹荣荣　著

燕山大学出版社
·秦皇岛·

图书在版编目(CIP)数据

无线传感器网络容错拓扑与路由安全技术/尹荣荣著.—秦皇岛:燕山大学出版社,2022.12（2026.1重印）

ISBN 978-7-5761-0397-7

Ⅰ.①无… Ⅱ.①尹… Ⅲ.①无线电通信—传感器—容错技术②路由选择—安全技术 Ⅳ.①TP212②TN913.1

中国版本图书馆 CIP 数据核字(2022)第 165035 号

无线传感器网络容错拓扑与路由安全技术

尹荣荣 著

出 版 人:陈 玉

责任编辑:孙志强　　策划编辑:刘韦希

责任印制:吴 波　　封面设计:刘韦希

出版发行:燕山大学出版社 YANSHAN UNIVERSITY PRESS　　电 话:0335-8387555

地 址:河北省秦皇岛市河北大街西段 438 号　　邮政编码:066004

印 刷:廊坊市印艺阁数字科技有限公司　　经 销:全国新华书店

开 本:710 mm×1000 mm 1/16　　印 张:8.75

版 次:2022 年 12 月第 1 版　　印 次:2026 年 1 月第2 次印刷

书 号:ISBN 978-7-5761-0397-7　　字 数:190 千字

定 价:35.00 元

前言

无线传感器网络容错拓扑和安全路由研究,是无线传感器网络可靠和安全领域的一项重要研究内容,是无线传感器网络实际应用最根本的基础。结合作者研究团队近年来在该领域的研究成果,本书前半部分探讨了拓扑结构对网络容错性的影响规律,明确了无线传感器网络容错拓扑具有的结构特征,如拓扑度分布、拓扑关键点和拓扑级联失效临界负载;本书后半部分针对无线传感器网络中常见的路由攻击方式——选择性转发攻击,提出了选择性转发攻击检测方法,并探讨了选择性转发攻击下的安全路由方法,最后则立足于具有无标度特征的无线传感器网络级联失效和选择性转发攻击的协同优化,研究了无标度网络自适应路由方法,保障了网络数据的可靠安全传输。

感谢我的导师刘彬教授、副导师郝晓辰教授,感谢刘老师在科研路上对我的辛勤付出和悉心指导,以及在工作生活中给予我的关怀和帮助;郝老师既是我的导师又是我的兄长,每一次与郝老师的交流讨论都使我受益匪浅,衷心地感谢。感谢我的研究生尹学良、徐英函、张文元、袁怀利同学,他们提供了本书相关素材。感谢我研究团队的所有成员们,让我们智能物联网实验室成为朝气蓬勃的智慧小屋。最后感谢母亲和女儿对我的爱。

《无线传感器网络容错拓扑与路由安全技术》可作为高等学校和科研院所从事无线传感器网络领域相关研究的科研人员的参考用书,同时也可供高等学校开展无线传感器网络关键技术课程的教学人员参考,以及本科生和硕士、博士研究生学习和参考。

目　录

第1章　无线传感器网络

1.1　无线传感器网络概述

无线传感器网络(Wireless Sensor Networks, WSNs)是继 Internet 后对人类生活方式产生重大影响的综合技术,Internet 改变了人与人之间的交流、通信和沟通方式,而 WSNs 将信息世界与物理世界融合在一起,改变了人与自然的交互模式,实现了物与物相连[1]。WSNs 是由大量微型的传感器节点组成的无线多跳通信网络,传感器节点部署在靠近或位于待监测目标内部,以相互协作的方式实时感知、采集和处理网络覆盖区域中监测对象的信息,并通过无线多跳通信的方式将采集到的信息传输给汇聚节点,具体结构组成如图 1-1 所示[2]。当前,WSNs 作为物联网和智慧城市的核心技术,已经广泛应用于军事侦察、环境监测、抢险救灾、交通管理、医疗服务等行业中[3]。

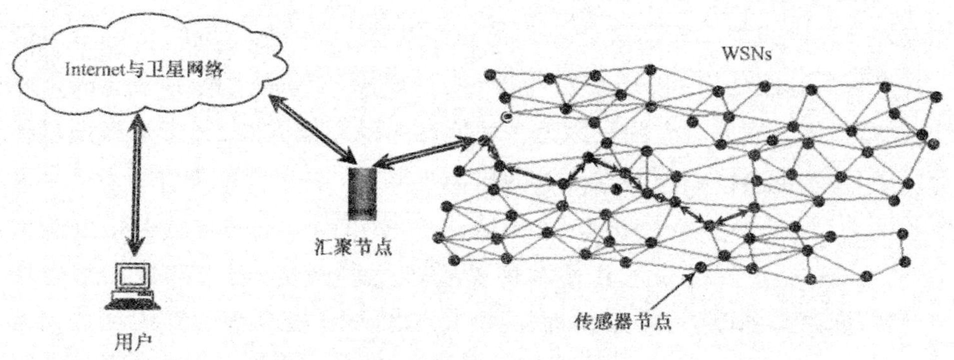

图 1-1　WSNs 结构组成

WSNs 的最早构想始于 1978 年美国国防高级研究项目署 DARPA 资助

的分布式传感器网络计划——DSN[4]。随后，DARPA 又资助了 LWIM 项目，该项目在 1998 年演变为传感器信息技术计划——SensIT[5]。这两个计划的根本目的是研究 WSNs 的理论和实现方法，并研制具有军用目的的 WSNs。此后，世界各国的大学及研究机构相继对 WSNs 展开进一步研究，其中具有代表性的项目包括，加州大学伯克利分校承担的 Smart Dust 项目[6]，加州大学洛杉矶分校承担的 WINS 项目[7]，以及麻省理工学院承担的 μAMPS 项目[8]等。进入 21 世纪后，WSNs 的研究逐渐拓展到了民用领域。美国交通部将 WSNs 运用于地面交通管理，提出了国家智能交通系统项目规划[9]。美国能源部与美国 Sandia 国家实验室合作研究了基于 WSNs 的反恐系统[10]。美国哈佛大学与波士顿医疗中心等多家单位合作发起了 Code Blue 项目[11]，探索 WSNs 在医疗护理方面的应用，包括医院内外的紧急护理，灾难救援。美国加州大学伯克利分校的环境工程和计算机科研工作者们采用了 WSNs 对金门大桥进行检测，让桥梁、大楼等建筑物感知并汇报自身状态信息，从而让管理部门按照优先级进行一系列修复工作[12]。欧盟 CORDIS 也发起了针对飞机的无线网络测试系统计划 Strain Wise 和 FLITE 计划，主要研制新型的无线传感器节点，并研制能量采集、传感器接口、数据处理与压缩、高性能通信协议等满足特殊需求的技术，旨在最终建立一个集成的自主传感器平台。近年来，WSNs 在远程环境监测、抗灾救援以及医疗数据采集等民用方面得到了更加广泛的应用[13-15]。

随着 WSNs 应用越来越广泛，其可靠性与安全性问题也逐渐凸显出来。WSNs 通常部署在环境恶劣区域或者人员不易到达和管理的区域，故其容易受到外部环境的影响而造成传感器节点的失效，而传感器网络中的节点通常又是资源有限的节点，很难自行恢复，从而影响到整个网络系统的可靠性。加之，传感器节点之间采用无线通信和多跳通信方式，其带宽有限且抗干扰能力差，也会影响到数据传输的可靠性[16]。另一方面，WSNs 还极易受到各种类型的恶意攻击，诸如选择性转发攻击[17]、黑洞攻击[18]、虫洞攻击[19]、Sybil 攻击[20]等。尤其是军用无线传感器网络，通常部署在敌方区域，没有网络基础设施，缺乏物理保护，传感器节点极易受到敌方的攻击和破坏，且难以恢复，从而降低了网络系统的安全性。加之，WSNs 传输数据的通信信道是无线开放式信道，攻击者能够使用无线通信设备捕获信号，这样网络就无法保证数据传输的保密性和安全性[21]。可见，可靠性和安全性问

题是 WSNs 中的核心问题。

1.2　无线传感器网络关键技术

拓扑结构作为网络通信的基础框架，可以有效保证网络的覆盖质量和连通质量，是提升网络通信效率[22]、执行安全与故障诊断[23]、定位和跟踪事件[24]等基本网络服务的重要支撑。WSNs 容错拓扑可以在网络出现节点失效时，利用拓扑结构的容错能力，避免拓扑的断接和空洞，从而达到持续维持预定网络功能的应用要求[25]。因此，关注于节点失效容忍能力的 WSNs 容错拓扑研究是一个具有实际意义的 WSNs 课题，已成为 WSNs 中的核心问题，同时《国家中长期科学和技术发展规划纲要(2006—2020 年)》也将失效节点的容忍技术列入了信息技术领域重点研究的前沿方向[26]。

另外，在 WSNs 面临的各种威胁中，针对路由的攻击最多，危害也最大[27]。传感器网络中往往采用多跳路由完成节点间的数据传输，不安全路由会导致传送的消息被丢弃、篡改或有假冒节点加入进行虚假消息传输，成为其应用的主要障碍和重要威胁。WSNs 的路由安全往往通过安全路由协议来保障，不同的应用环境，不同的应用需求，往往需要设计与之对应的安全路由协议[28]。因此，路由安全协议的研究一直是 WSNs 安全研究的重要问题，研究者总是在安全性和其他限制条件中寻求平衡，从而，如何有效地应对 WSNs 中可能受到的各种攻击，研究设计 WSNs 的有效安全路由协议已成为当前 WSNs 研究领域最重要的任务和挑战之一，也是 WSNs 研究的热点之一[29]。

1.2.1　无线传感器网络容错拓扑技术

WSNs 容错拓扑的结构特征分析是 WSNs 容错拓扑研究的核心，通过对 WSNs 容错拓扑结构特征(如度、度分布、平均最短路径长度、集聚系数、度关联性等)的分析，研究人员揭示了很多 WSNs 容错拓扑的容错机理，根据容错机理的不同 WSNs 容错拓扑技术可以分为基于资源冗余的 WSNs 容错拓扑控制和基于结构不均匀性的 WSNs 容错拓扑控制[30]。其中，基于资源冗余的容错拓扑控制技术主要集中于 k 连通的网络拓扑，通过生成连通度冗余值为 k 的网络拓扑来容忍任意 $k-1$ 个节点的失效。而基于结构不均匀性的容错拓扑控制技术集中在无标度结构的网络拓扑构建，通过生成具有无标度特征的拓扑结构来容忍大比例随机节点失效。下面就对 WSNs 容错拓扑技术研究中的重要工作——无标度拓扑、无标度拓扑关键点、无标度拓扑级联失效方面的研究现状进行分析。

(1) 无标度拓扑

WSNs 中一个节点与网络中其他节点的连边总数就是节点的度,度分布指的是网络中任意选择的一个节点的度刚好是 k 的概率。研究表明具有不同度分布函数的网络拓扑,有着不同的容错能力。美国圣母大学复杂网络研究中心 Barabasi 等人的研究发现在随机节点失效下,度分布服从幂律分布的无标度网络拓扑相对度分布服从 Poisson 分布的随机网络拓扑有更强的容错能力,但其对恶意攻击节点失效却显得异常脆弱[31]。随后,Cohen 等人将无标度网络拓扑容错性问题转化为了广义随机网络上的渗流问题,利用渗流理论解析地研究了无标度网络拓扑在随机节点失效以及恶意攻击节点失效下的容忍能力[32-33]。Callaway 等人则采用了更为普遍的母函数法对无标度网络拓扑的容错性进行了深入分析[34],他们的研究结果进一步证实了 Barabasi 等人的结论,即无标度网络拓扑对随机节点失效有很强的容错性,但对有目的的恶意攻击却不堪一击。现有的研究表明,无标度网络拓扑对随机节点失效的这种强容错性,主要源于其结构的不均匀性[35],即由于其度分布服从幂律分布,少数节点拥有很高的节点度,但大部分节点的节点度却很小,那么,对于随机节点失效所破坏的主要是那些占大比例但拥有少量节点度的不重要节点,它们的失效不会对拓扑结构产生重大影响。故基于无标度结构的 WSNs 容错拓扑,是利用结构的不均匀性,通过牺牲对少量度大节点的容错能力达到对大比例随机节点失效强容错的目的。

(2) 无标度拓扑关键点

对于关键节点的发现以及保护的问题也是当前研究 WSNs 容错拓扑的一个重要方面。评估节点的重要程度是发现关键节点的重要手段,在动态复杂的 WSNs 环境下可以通过评估网络中节点的重要度,对节点进行排序的方法,准确、快速地找到关键节点,并且再利用改变拓扑结构、改进路由协议等方法来对关键节点进行保护或者缓解,最终提高网络的可靠性。如姜禹等人考虑当某节点失效后出现的孤立节点,定义了节点核度积的概念,并且提出了节点孤立后,节点核度积越大,其重要度越大[36]。郭伟等人考虑迂回路由对可靠性的影响,并对可靠性进行了定量计算,利用一种跳面节点法评估了节点重要度[37]。吴俊等人指出节点失效后其负载的动态转移有可能会引起部分节点级联失效,定义了基于节点级联失效模型的节点重要性评估方法[38]。后来,国内外学者又做了进一步研究,结合多指标的评估方法成为重点的研究方向。周漩等人综合了节点效率、节点度和相邻节点重要度贡献,提出一种重要度贡献矩阵来评价节点的重要程度[39]。张品等人综合分析节点度、生成树和最短距离三个参数在节点删除后的影响程度,提出了一种多参数优化算法评估节点重要度[40]。李泽鹏等人则在中心度和节点删除法的基础上,提出了连通中心度来度量节点的影响力[41],该方法同时考虑了节点的网络位置以及节点对网络局部连通性的影响,较全面地刻画了节点的重要程度,但是其复杂度较高。

而对于实际的网络而言,除了可利用网络的结构特征指标评估节点重要度外,网络的应用需求性能指标同样具有不能忽视的重要意义。Nardelli 等人从网络时延的角度来评价节点重要度,定义最重要的节点为删除该节点使源点到 sink 点最短路径距离增加最大,网络传输时延最大[42]。张童等人分析攻击网络时,利用逼近理想解的方法综合攻击方的收益,损耗和风险分析攻击效果,对网络中攻击节点的重要度进行了评估排序[43]。目前,综合实际网络的应用需求和网络的结构特征来评估节点重要度,也在不断受到学者们的关注。王欣等人针对指挥信息系统网络,综合不同的作战任务需求和网络拓扑结构,使用依赖度和影响度共同计算节点重要度[44]。余江涛等人在电力通信网中,综合考虑了变电站的规模、链路带宽以及经过该节点最短路径,提出了基于网络汇聚度的节点重要度评估方法[45]。洪增林等人则认为道路交通网络中的节点重要度与通过该节点的交通流量和节点在网络中的位置密切相关,并综合两个因素得到了一种基于节点收缩方法的评估方法[46]。可见,节点重要度评估能够有效帮助我们找到网络中的关键节点,利用识别出的关键节点有助于有效地设计网络的防护策略,增强网络拓扑的容错能力。

(3) 无标度拓扑级联失效

级联失效是一个或少数几个节点或链路的失效通过节点之间的耦合关系引发其他节点也发生负载过载失效,并最终导致整个网络崩溃的连锁失效反应[47]。近年来,一些研究者从网络拓扑结构角度出发,为提高网络的级联失效鲁棒性做了大量工作。Yin 等人在随机无标度网络上建立了基于节点度的级联失效模型,分析了网络结构参数(单位时间间隔增加的连边数与幂指数）对网络级联失效鲁棒性的影响，获得了网络结构参数与网络鲁棒性呈正相关的规律[48]。Sun 等人使用了一种基于启发式禁忌搜索优化算法的链路重连方法，在保持节点度不变的情况下对网络拓扑进行了优化，为设计高鲁棒性的网络开拓了思路[49]。Rong 等人则利用边缘分类方式提出了一种抗蓄意攻击的启发式优化算法，通过改变网络中有效边、无效边和灵活边的数量及同类型边的关系，在不改变度分布的条件下实现了对网络拓扑的优化[50]。此外，Qiu 等人基于网络通信范围和最大节点度考虑，使用了一种可以增强鲁棒性的算法，得到了一种类似于洋葱结构的无标度网络拓扑结构，并且证明了其对蓄意攻击的高鲁棒性[51]。在此基础上，Qiu 等人又提出了一种多种群协同进化的网络鲁棒性优化方案，进一步提高了无标度网络拓扑结构的鲁棒性[52]。

上述这些研究通过对网络拓扑结构的分析和优化，在一定程度上实现了增强网络抵御级联失效鲁棒性的目的，但蓄意攻击方式过于单一，没有考虑到不同的攻击策略可能会有不同的结果，如对一种蓄意攻击策略健壮的网络可能无法对另一种蓄意攻击表现良好，而且不同类型的攻击可能在现实网络中同时发生。因此，为了使网络级联失效鲁棒性得到更完善的提升，许多工作者对不同攻击方法下的网络性能进行了深入研究。Zhang 等人发现，在小规模攻击下给度大小适中的节点分配较少的资源，在大规模攻击下给度低的节点分配较多的资源，可以使网络具有很高的鲁棒性[53]。Yi 等人结合现实网络特性构建了一个级联失效动态过程，并采用最高的信任攻击和最低的信任攻击两种方式对级联传播的动态过程和网络拓扑变化进行了分析，结果表明稀疏和非齐次网络结构比稠密和齐次网络结构的鲁棒性更高[54]。而 Lekha 等人研究了基于度、中间度和亲密度三种不同中心攻击策略下的网络鲁棒性，并提出了一个相应的保护策略用以提高网络的抗级联失效能力[55]。此外，Zhou 等人利用皮尔逊相关系数建立了不同类型攻击之间的相关性，进而将网络抗多种蓄意攻击的鲁棒性优化问题转变为多目标优化问题，并基于一种多目标进化算法，实现了对不同攻击策略下的网络鲁棒性的增强[56]。进一步，Gao 等人构建了一个可以演变出六种蓄意攻击策略的函数，并在此基础上，在四种相互依赖网络上对不同的攻击策略下的网络鲁棒性进行了研究分析，并提出了相应的保护策略实现了对级联失效的抑制[57]。上述这些研究从网络拓扑角度对不同攻击模式下的网络级联失效

问题进行了深入分析，并提出了相应的级联失效缓解方法。

1.2.2　无线传感器网络安全路由技术

安全路由协议一直以来也是 WSNs 研究的重要内容，主要有以下几类方式：基于地理位置的安全路由协议、基于多路径的安全路由协议、基于智能算法的安全路由协议、基于密码学的安全路由协议等多种协议。不同的路由协议所针对的问题不同，适用的环境不同，下面首先主要分析几类安全路由协议，进而聚焦特定路由攻击来探讨相应的安全路由技术。

(1) 基于地理位置的安全路由协议

基于地理位置的路由协议需要相邻的传感器节点交换地理位置信息，节点间基于位置信息进行路由发现，有针对性地进行数据转发工作，常见的基于地理位置的路由协议早期有 VACN[58]、GPSR[59]、OKCIDA[60]、EBGR[61]、EAGPR[62]等协议。刘衍珩等人在 GPSR 协议的基础上设计了新的安全路由协议——TrANTHOCNET[63]，利用位置信息对信息素实时更新，并结合可信路由协议建立节点间的信任关系，通过考虑节点信任度来选择路由。IGF 协议是由 Blum 等人提出的一类基于位置的具有通信鲁棒性的路由协议[64]，在该协议的基础之上，Wood 等人引入了一组可进行配置的安全协议簇提出 SIGF 安全路由协议[65]，SIGF 协议可以针对不同的安全需求提供相应的安全级别。

(2) 基于多路径的安全路由协议

多路径路由方法通常是构造一定数目的从单个传感节点向目的节点的路径作为替代路径，这样即使主路径故障也能由替代路径继续进行数据包的发送。因此，在多路径路由中，即使少数节点或路径被俘获，整个网络消息传输也能不受影响[66-68]。文献[69]提出通过分析网络的最小传输成本，利用二叉树结构建立多条路径来加强数据传输的可靠性。文献[70]提出传统的 Ad-hoc 网络中 AOMDV 协议其主要思想是根据节点跳数建立多条无环路和链路不相关的路径来实现多路径路由，AOMDV 具有适应高动态网络的能力。

(3) 基于智能算法的安全路由协议

受到自然界的启发，根据生物和环境变化和生存规律设计相应的算法就是人工智能算法。常见的人工智能算法有：蚁群算法[71]、鸟群算法[72]、免疫算法[73]、模糊逻辑[74]、模拟退火算法[75]、粒子群算法[76]等。近年来，在

WSNs 路由协议的设计中,也可以采用这些人工智能算法。根据采用的人工智能算法的不同,基于智能的安全路由协议又可细分为基于强化学习的路由协议[77]、基于蚁群算法的路由协议[78]、基于模糊逻辑的路由协议[79]、基于基因算法的路由协议[80]。

(4) 基于密码学的安全路由协议

在 WSNs 中,对于传输的数据包进行加密可以防止重要信息泄露,并且一旦数据丢失,可以第一时间获知。这种方式是利用密码学的研究成果,加密方式可以分为对称密钥加密(如 DES,AES 等)和非对称密钥加密(如 RSA,ECC 等),加密机制和 Hash 函数也应用于认证和数据完整性检验[81]。常见 WSNs 密钥管理机制有:密钥预分配机制、混合加密机制、单向哈希机制、密钥感染机制和层次网络密钥管理机制[82]。

综上所述,随着 WSNs 应用领域的不断扩大,安全性成了不可回避的问题,越来越多的研究者在设计路由协议时,也针对具体的攻击形式加入了安全机制。如选择性转发攻击作为一种比较常见的路由攻击类型,攻击者通过选择性丢失信息或者不转发敏感信息的方式,破坏网络数据的正常收集。相对于其他攻击形式,选择性转发攻击的攻击形式简单,攻击者基于数据敏感度和网络拓扑结构的特点,对于一些关键的数据或者路由信息进行丢弃,往往对网络的危害极大,与此同时,由于是选择性丢包,丢包具有一定的随机性,往往很难发现规律性,邻居节点在检测时可能以为是正常的丢包,从而,攻击节点得到隐藏[83]。另外,攻击者也会将选择性转发攻击结合其他攻击形式发起攻击,比如虫洞、路由欺骗和槽洞等[84-85],利用不同的攻击形式的特点发送攻击,不容易被发现。

选择性转发攻击作为恶意攻击中最难检测到的路由攻击之一,一直以来都是研究的热点。为提高网络中恶意节点的检测精度,Ding 等人提出了一种基于噪声密度峰值的聚类算法,并专门定义了用于识别选择性转发攻击行为的噪声点,通过对所有传感器节点的累积转发率进行聚类,在提高了检测精度的同时也提高了检测速度[86]。Shila 等人基于信道估计和流量监控两种策略,提出了一种信道感知检测算法,通过监控的实际丢包率与估计的正常通信丢包率比较,可以有效地从正常信道丢包中识别出恶意节点的选择性转发不当行为[87]。进一步,Ren 等人考虑到信道的不稳定会使通信过程中节点的丢包率可能很高并且不断变化,提出了一种可适应时变信道

条件的具有自适应检测阈值的信道感知信誉系统，能够更准确地检测出恶意节点的选择性转发攻击行为[88]。此外，Abdalzaher 等人考虑到网络硬件故障也会致使数据缺失，为了区分出恶意集群成员和硬件故障，并使网络数据可靠性最大化，建立了一种重复博弈模型，用以增强网络对选择性转发攻击的抵御能力[89]。Mathur 等人还考虑了网络中的协同选择性转发攻击行为，提出了一种改进的安全路由协议，提高了网络对单一和协同选择性转发攻击的检测和校正能力[90]。

针对选择性转发攻击行为的防御问题，为了使网络免遭恶意节点的攻击，Poongodi 等人提出了一种轻量级的抗选择性转发攻击方案，该方案使用椭圆曲线数字签名算法对节点进行认证，不仅可以检测出网络中的恶意节点，还可以通过禁用权值最高的链路来实现对恶意节点的隔离，并验证了路由的可靠性[91]。此外，还有许多基于信任评估方式的研究，提出了可以有效抵御选择性转发攻击的网络安全路由策略。如 Wang 等人通过对节点的信任监控和信任评估[92]，Yang 等人通过结合节点的信任级别、剩余能量和路径长度[93]，分别实现了对恶意节点的检测和隔离，保证了数据的安全可靠传输。Anwar 等人进一步考虑了在一段时间内收集的数据之间的相关性，基于贝叶斯估计方法收集了节点的直接和间接信任值，提出了一种基于信念的信任评估机制用以规避恶意节点，实现了数据安全交付[94]。同样，Qureshi 等人基于不同传输节点之间的丢包率和数据包数据率，计算了节点之间的直接信任值和间接信任值，提出了一种基于累积信任评估的高效技术，隔离了网络中的恶意节点，增强了网络数据传输的安全性[95]。上述的这些研究通过恶意节点检测并隔离的方法，对避免和控制恶意节点攻击行为引发的网络流量变化有着积极作用。

然而，这种基于恶意节点检测和隔离方式的安全路由，对于被攻击者来说，当检测到攻击时，部分转发的数据信息已经被泄露和丢失，并且选择性转发攻击行为一般非常隐蔽，现有的检测方法难以将恶意节点全部检测出来，会有一定的漏检率。因此，为了更好地抵御选择性转发攻击，所提出的策略中还应具有一定的恢复能力，使网络在遭受恶意攻击后能够有效恢复出被丢弃的数据信息，进而使网络恢复到正常传输状态。为此，Stavrou 等人通过部署黑名单和重复路由方式，提高了选择性转发攻击下的网络在可靠性等方面的恢复能力[96]。Pu 等人在网络中随机选择并部署了一个监测节点，通过结合超时和逐跳重传技术，提出了一个针对选择性转发攻击的轻量级路由对策，可以实现由于转发行为不当或信道质量差而导致的意外丢包的恢复[97]。进一步，Siasi 等人为克服选择性转发攻击问题，基于 LEACH 协议开发了一种健壮的检测与恢复方案，在不需要重新传输的条件下，实现了数据包的快速恢复[98]。此外，Heurtefeux 等人在低功耗、低损耗网络路由协议中结合了节点的随机行为和数据复制功能，增强了网络抵御选择性转发攻击的恢复力[99]。Mohan 等人提出一种动态的攻击恢复路由方法，该方法基于编码原理并与网络可靠性和负载结合，建立了一种分片多路径路由模式，通过建立源和目的节点对间的多路径树方式，可以使编码处理后的数据片段沿一组可靠且负载较轻的路径动态路由，在提高了数据可恢复能力的同时还有效缓解了冗余带来的阻塞[100]。从上述这些研究成果可知，基于数据包重传技术或数据复制方式的路由策略本质与基于编码处理方法的路由本质一样，都是增加冗余。这些研究成果证明了通过增加冗余进行数据恢复的方式是抵御选择性转发攻击的有效方法。

综上所述，目前这些针对网络中存在的选择性转发攻击问题的研究，从恶意节点检测到恶意节点隔离处理，再到恶意节点丢弃数据包恢复的整个流程，使得选择性转发攻击检测和防御问题在一定程度上得到了很好的解决。

1.3 主要创新性研究

容错拓扑和安全路由是保障 WSNs 正常可靠安全运行的重要手段，通过上述国内外关于 WSNs 容错拓扑与安全路由相关文献的研究，本书从容错拓扑和安全路由关键技术两个方面展开研究，主要创新性研究工作包括如下三个方面。

(1) 容错拓扑关键技术

考虑到 WSNs 容错拓扑研究的核心任务是探索结构特征参量如何影响拓扑的容错能力，且最终目标是得到容错能力好的拓扑结构，本书以 WSNs 容错拓扑的度分布特征分析、节点重要度评估、级联失效优化为研究线索，开展了 WSNs 容错拓扑关键技术研究，分析了环境损毁及能量耗尽综合节点失效下 WSNs 容错拓扑所具有的度分布特征（见第 2 章），进而提出具有无标度度分布特征的 WSNs 容错拓扑的关键节点评估方法（见第 3 章），最

后探讨具有无标度度分布特征的 WSNs 容错拓扑的级联失效建模和分析问题(见第 4 章)。所得的研究成果,对提升 WSNs 容错拓扑性能具有理论意义,对推动 WSNs 在复杂环境中的可靠部署具有实际价值。

(2) 安全路由关键技术

选择性转发攻击作为 WSNs 中常见的内部攻击类型,经常和别的内部攻击相结合对网络产生更大的影响,因此,检测和防御选择性转发攻击对 WSNs 的安全至关重要。本书考虑到环境等众多因素对节点转发率造成的影响,引入简化云模型对节点转发率进行精确化,将节点转发率建立的简化云模型引入信任评估模型中,利用改进的 K/N 投票算法对恶意节点进行检测(见第 5 章),进而提出一种基于无标度拓扑的 WSNs 多属性决策安全路由(MPSR)算法,将节点能量传输效率、负载、丢包率等参数定义为模型中的属性,采用相对熵计算各属性的权重,建立多属性决策模型,节点根据决策模型,选择最优路径,有效弥补了现有算法单纯从网络结构出发解决无标度拓扑抗攻击问题的不足之处(见第 6 章)。

(3) 容错拓扑和安全路由协同技术

如何确保网络稳定和安全地进行信息传输已成为信息领域面临的最严峻的考验之一。为了使网络更好地进行信息传输,现有的研究从网络鲁棒性和信息传输安全性角度分开考虑,如或针对网络拓扑级联失效问题或针对网络路由恶意攻击问题做了大量的工作。然而,网络级联失效问题和恶意攻击问题不是割裂的,而是相互联系、相互影响的。一方面,级联的传播会破坏网络原有的链路链接,使原有的数据传输路径改变,进而对网络中的恶意攻击行为产生影响;另一方面,网络中的恶意攻击行为会破坏数据流的正常传输,使得通过网络中节点的流量发生改变,进而对级联故障的传播产生影响。基于此,本书开展选择性转发攻击下的无标度网络级联失效防御方法研究,实现网络级联失效问题和恶意攻击问题的协同优化,保障网络信息传输的可靠性和安全性(见第 7 章)。

综上,本书研究了 WSNs 容错拓扑和安全路由关键技术,从网络拓扑和路由两个方面提出了 6 种改进方案。

第2章　无线传感器网络容错拓扑度分布特征分析研究

针对无线传感器网络容错拓扑的分析问题,从拓扑层入手对节点能量耗尽与环境损毁的综合失效行为进行建模,给出容忍综合节点失效行为的度分布可调无线传感器网络容错拓扑,进而研究拓扑的度分布特征对其容错性的影响规律,得到对综合节点失效行为强容错的网络拓扑所具有的最佳度分布,最后验证了容错拓扑最佳度分布的有效性,明确了无线传感器网络容错拓扑应该具有的结构特征。

2.1　概述

许多研究工作已经表明,WSNs 拓扑的容错能力不仅存在于有冗余的 k 连通结构中,而且同样也存在于具有结构不均匀性的无标度拓扑中。人们把度分布 $p(k)$ 服从幂律分布 $p(k)=ck^{-\lambda}(c>0,\lambda>0)$ 的网络拓扑,称为无标度拓扑。在无标度拓扑中,绝大多数节点的节点度相对较低,但少数节点具有很高的节点度,所以,这类度分布符合幂律形式的无标度拓扑具有结构不均匀性。

无标度拓扑的容错性研究最早始于 2000 年博士生 Reka Albert 及其导师 Albert-Laszlo Barabasi 在《Nature》上发表的研究论文。他们考察了随机网络拓扑 ER(Erdos 和 Renyi 提出的随机网络模型)和无标度拓扑 SF(Scale-free)在两种节点失效模式——随机失效(随机地移除网络中节点,模拟环境损毁故障)和故意攻击(按照节点度由大到小的顺序移除网络中节点,模拟恶意攻击)下的容错性能。对 1 000、5 000 和 20 000 个节点组成的 ER 和 SF 拓扑,Albert 等人模拟测试了其在随机节点失效和故意攻击节点失效下,网络最大连通分支规模(网络最大连通分支中的节点数与总节点数的比例)和孤立连通分支规模的变化情况，横坐标 f 表示失效节点比例，纵坐标 S 表示网络最大连通分支规模，$<s>$表示网络孤立连通分支规模，结果如图 2-1 所示。

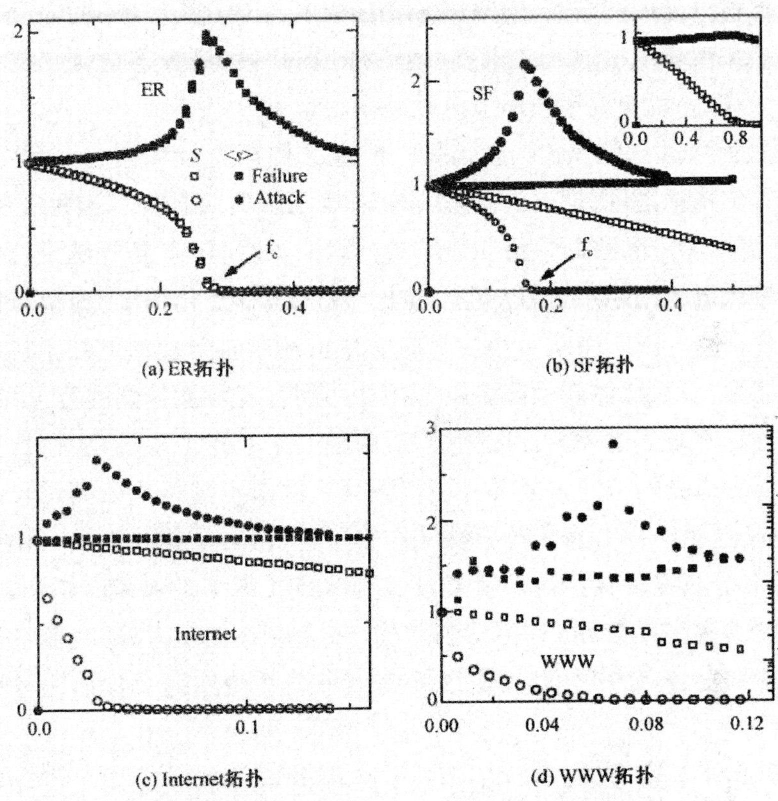

(a) ER拓扑 (b) SF拓扑

(c) Internet拓扑 (d) WWW拓扑

图 2-1 不同拓扑连通分支规模 S 和$<s>$与其失效节点比例 f 的关系

从图 2-1(a)可以看出，在 ER 拓扑中，如果有较多节点失效（无论是随机节点失效 Failure，还是故意攻击节点失效 Attack），网络必然出现很多孤立节点，而被分割为很多彼此没有联系的小网络，但 SF 拓扑的模拟结果则出现了全然不同的情况（见图 2-1(b)）：即使移除的随机失效节点比例高达 0.8，剩余的节点还能组成一个小规模的连通网络。在 Internet（见图 2-1(c)）和 WWW（见图 2-1(d)）上的实证分析也进一步验证了他们的结论。

SF 拓扑对随机节点失效的这种惊人的稳健性，其本质是源于结构的不均匀性，即由于 SF 拓扑中绝大多数节点的度很小，因而，按等概率的随机方式移除节点，所破坏的主要是占大比例的度小的节点，与度很大的少数节点相比，那些度小的节点只拥有少量连接，因而，去除它们不会对整个网络产生重大影响。但是,如果遭受针对度大节点的恶意攻击时,网络可能不堪一击,有0.5比例的度大节点被攻击,网络就基本瘫痪,这是SF拓扑因结构不均匀性而带来的脆弱性的一面。SF拓扑这种稳健而脆弱的双重特性,激起了大量学者对复杂网络容错拓扑的研究兴趣,Albert等人在《Nature》上发表的经典论文被引用超过了1万次,他们提出的网络最大连通分支规模容错性测度、随机失效和故意攻击节点故障模式也被广泛使用。

但目前大部分的WSNs容错拓扑研究工作都直接移植SF拓扑对随机节点失效的强稳健性,即通过构建出对节点随机失效行为容错性很强的SF拓扑,来提高WSNs数据采集和传输的可靠性。然而,SF拓扑的强稳健性是从失效节点引起网络可用性(最大连通分支规模)变化角度,对节点随机失效故障而言的。由于网络可用性只能描述拓扑在故障影响下处于执行所需功能的能力,而无法体现故障影响下拓扑达到实现所需功能的程度(网络有效性),并且在现实的WSNs应用中,所面临的不只是节点随机失效,更多的是能量耗尽造成的节点失效和环境损毁导致的节点随机失效的综合故障情况。为此,这里跳出Albert等原始工作的研究框架,从兼顾网络可用性和有效性方面,分析能量耗尽与环境损毁综合节点失效下的WSNs拓扑容错性,旨在均匀结构(ER拓扑)和不均匀结构(SF拓扑)之间,找到在能量耗尽及环境损毁综合节点失效下,仍能继续提供有效网络连通及覆盖服务功能的拓扑结构。

正是出于上述考虑,本章从拓扑层角度分析节点能量耗尽与环境损毁综合节点失效行为,建立拓扑层综合节点失效模型,并给出可容忍综合节点失效行为的度分布可调WSNs容错拓扑,进而解析推导出综合节点失效条件下的拓扑容错性,揭示拓扑的度分布对其容错性的影响规律,最终得到容忍综合节点失效拓扑所具有的最佳度分布,为WSNs容错拓扑优化研究提供理论依据。

2.2 节点失效行为建模

为了量化出拓扑的度分布对其综合容错性的影响规律,这里首先对WSNs中能量耗尽与环境损毁的综合节点失效行为进行数学建模。WSNs是由大量由电池供电的传感器节点组成的,能够收集所部署区域的信息。在WSNs中,节点一旦耗尽能量或因恶劣环境损毁造成失效,就不能继续工作

在网络中，而节点的能量耗尽和环境损毁两者往往同时存在。对于节点通信单元，其工作平均功耗为

$$E_c = M_{tx}[P_{tx}(T_{tx} + T_{sw}) + P_T T_{tx}] + M_{rx}[P_{rx}(T_{rx} + T_{sw})] \tag{2-1}$$

式中：

$M_{tx/rx}$ ——平均每秒发送/接收单元工作次数，主要是由具体应用环境及 MAC 协议来决定；

$P_{tx/rx}$ ——发送/接收单元电路消耗的平均功率；

$T_{tx/rx}$ ——发送/接收单元工作时间，主要由包长 L 和传输速率 R 决定，$T_{tx/rx}=L/R$；

T_{sw} ——节点状态之间的切换时间，一般在几百个微秒的范围，由锁相环路带宽决定；

P_T ——节点发射功率，取决于信道状况。

采用自由空间信道衰减模型，无线收发节点间的功率为

$$P_T = P_R\left(\frac{4\pi d_0}{\lambda}\right)^2\left(\frac{d}{d_0}\right)^n \tag{2-2}$$

式中：

P_R ——节点接收功率；

λ ——载波波长；

d ——收发节点间距；

d_0 ——参考距离，一般取 1m；

n ——路径损耗指数，一般取 2~4，这里取 $n=2$。

记满足接收节点能够正确监测并能顺利解码信号的最小功率为 P_0，则将 $P_R=P_0$ 代入上式可得节点的最小发射功率为

$$P_T = P_0\left(\frac{4\pi d}{\lambda}\right)^2 \tag{2-3}$$

假设传感器节点均匀散布在半径为 r 的监测圆域内，其概率密度函数为 $f(x)=\dfrac{1}{\pi r^2}$，即每个节点落入半径为 d 的圆域内的概率为 $\left(\dfrac{d}{r}\right)^2$，那么，通信圆域内的节点数 k 与其通信半径 d 之间满足条件 $k=N\left(\dfrac{d}{r}\right)^2$，结合式(2-3)即可转化节点最小发射功率 P_T 为节点度 k 的关系式，即

$$P_T = \frac{P_0(4\pi r)^2}{N\lambda^2}k = \rho k \tag{2-4}$$

式中：

ρ——参数，$\rho = \frac{P_0(4\pi r)^2}{N\lambda^2}$。

设在每一秒节点进行一次信息包的收发，即 $M_{tx/rx} = 1$，且忽略节点状态间的切换时间 T_{sw}，则将式(2-4)代入式(2-1)可得，至 t 时刻节点 i 的能耗值为

$$E_c^t = \int_0^t E_c \mathrm{d}t = (A + Bk_i)t \tag{2-5}$$

式中：

A——参数，$A = (P_{tx} + P_{rx})\frac{L}{R}$；

B——参数，$B = \rho\frac{L}{R} = \frac{P_0(4\pi r)^2 L}{N\lambda^2 R}$；

k_i——节点 i 的节点度。

当节点能耗值 E_c^t 等于其初始能量 E_0 时，由式(2-5)可推导出，至 t 时刻网络中能量耗尽节点的节点度 k_i 的参考值。为了使解析研究结果的应用更具一般性，这里分析由两种具有不同初始能量的传感器节点组成的一般 WSNs，设 E_0 表示 WSNs 中普通节点的初始能量，Ψ 表示高能节点超过普通节点能量的倍数，t_c 为 WSNs 当前运行时刻，那么，至 t_c 时刻 WSNs 中普通节点和高能节点能量耗尽的节点度参考值 k_c 可由式(2-6)进行计算：

$$E(k_c) = \begin{cases} \frac{1}{B}\left(\frac{E_0}{t_c} - A\right), i = normal\ node \\ \frac{1}{B}\left(\frac{(1+\Psi)E_0}{t_c} - A\right), i = high\_energy\ node \end{cases} \tag{2-6}$$

根据概率期望的概念，由式(2-6)可得出，至 t_c 时刻 WSNs 中能量耗尽节点的节点度参考期望值为

$$k_c = P(A_{\mathrm{I}})E(k_{A_{\mathrm{I}}}) + P(A_{\mathrm{II}})E(k_{A_{\mathrm{II}}}) \tag{2-7}$$

式中：

$P(A_{\mathrm{I}})$、$P(A_{\mathrm{II}})$——节点为普通节点和高能节点的概率值；

$E(k_{A_{\mathrm{I}}})$、$E(k_{A_{\mathrm{II}}})$——其相应的节点度参考期望值。

由高能节点所占比例 ξ 可得

$$\begin{cases} P(A_{\mathrm{I}}) = 1 - \xi \\ P(A_{\mathrm{II}}) = \xi \end{cases} \tag{2-8}$$

从而,将式(2-6)和式(2-8)代入式(2-7)得出,至 t_c 时刻 WSNs 中能量耗尽节点的节点度参考期望值为

$$\begin{aligned} k_c &= (1-\xi)\frac{1}{B}\left(\frac{E_0}{t_c} - A\right) + \xi\frac{1}{B}\left(\frac{(1+\Psi)E_0}{t_c} - A\right) \\ &= \frac{1}{B}\left(\frac{(1+\xi\Psi)E_0}{t_c} - A\right) = Z_1(t_c) \end{aligned} \tag{2-9}$$

由于节点 i 的能耗值 E_c^i 正比于其节点度 k_i(式(2-5)),那么,结合式(2-9)可知,至 t_c 时刻 WSNs 中的能量耗尽节点失效行为可等价于网络按节点度由大到小移除节点,直至度大于 k_c 的节点被全部移除为止的选择性节点移除过程。

考虑到监测环境的不可预测性,对于环境损毁导致的节点失效行为,一般可看作节点的随机失效过程,那么,假设此类故障在整个时间域 T 内服从均匀分布,且此类故障导致的失效节点数为 χ,则至 t_c 时刻 WSNs 中出现环境损毁失效的节点总数为

$$f_c = \int_0^{t_c} \frac{\chi}{T}\mathrm{d}t = \frac{\chi}{T}t_c = Z_2(t_c) \tag{2-10}$$

也就是说,至 t_c 时刻 WSNs 中有 f_c 的节点成为环境损毁失效节点,从网络中被随机移除。

综上,式(2-9)给出了至 t_c 时刻 WSNs 中能量耗尽失效节点的节点度阈值 k_c,式(2-10)给出了至 t_c 时刻 WSNs 中环境损毁失效节点的总数 f_c,在具体应用场景中,k_c 和 f_c 都仅取决于网络运行时间 t_c,分别记为函数 $Z_1(t)$ 和 $Z_2(t)$。由于在网络运行前期,环境损毁为节点失效的主要原因,而网络运行后期能量耗尽起主导作用,那么,结合式(2-9)和式(2-10),可将"至 t_c 时刻 WSNs 中能量耗尽与环境损毁的节点综合失效行为"建模为两个相互独立的节点移除过程,即"网络先随机移除 f_c 比例的节点,然后按节点度降序选择性移除节点,直至度为 k_c 的节点被全部移除为止"的失效模式。

2.3 节点失效行为下的度分布特征研究

为了演化出对上述能量耗尽与环境损毁节点综合失效行为强容错的WSNs拓扑，借助度分布服从指数分布的ER拓扑对节点选择性移除有强容忍能力，而度分布服从幂律分布的SF拓扑对节点随机性移除有强容忍能力的重要结论，下面采用择优增长的演化机制来形成度分布可调的WSNs容错拓扑，并在此基础上讨论拓扑的度分布特征对其综合容错性的影响，旨在获得对能量耗尽与环境损毁综合节点失效模式容错性好的WSNs容错拓扑所具有的度分布。

2.3.1 度分布可调容错拓扑演化

目前，择优增长机制[101]被认为是形成不均匀拓扑的最有效的方法之一，它定义了如下两个步骤：①以少量 m_0 个节点开始，在每一时间步长，往存在网络中加入一个新节点，同时加上从此节点出发的 $m(m\leqslant m_0)$ 条边；②新节点与存在节点 i 相连的概率取决于节点 i 的度 k_i，并且此概率服从如下规则：

$$\Pi(k_i)=\frac{k_i}{\sum_j k_j} \tag{2-11}$$

式中：

$\sum_j k_j$ ——所有已存在节点的度的总和。

经此方法演化成的网络拓扑，其度分布满足幂律形式 $p(k)\propto k^{-\lambda}$，相对度分布服从指数分布 $p(k)\propto \mathrm{e}^{-k}$ 的网络拓扑而言，对随机节点移除模式有着更强的容错性，但其容忍选择性节点移除的能力却不及度分布服从指数分布的网络拓扑。

借助于择优增长机制，下面来实现对随机性与选择性综合节点移除强容错的WSNs拓扑的演化。考虑到WSNs中节点初始能量的差异、传输半径的制约和综合容错性能的需求，需对择优增长机制进行如下改进：一方面，将高能节点的度初始化为最大，以增加高能节点被选择互连的概率；另一方面，每一个新加入节点只在其传输范围内选择连接节点 i，且为达到对随机性节点移除模式与选择性节点移除模式的综合容错性，此时的择优连接概率 $\Pi(k_i)'$ 共同取决于节点的度 k_i 和择优度量因子 τ，而不再只是节点的度，

即

$$\Pi(k_i)' = \frac{k_i^{\tau}}{\sum_{j \in local-area} k_i^{\tau}}, \tau \in [0 + \infty) \cap \tau \neq 1 \tag{2-12}$$

式中：

$\sum_{j \in local-area}$ ——新加入节点的邻节点集。

下面，对经上述改进的择优增长机制演化所得的 WSNs 容错拓扑的度分布进行量化描述。

设新节点 x 在 t 时刻加入网络，r_0 为初始网络半径，r_0+t 为 t 时刻的网络半径，r_x 为新节点 x 的传输半径（见图 2-2）。

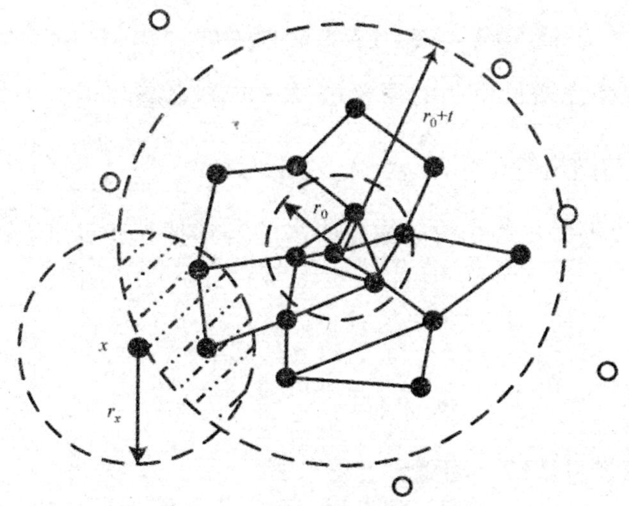

图 2-2　改进的择优增长过程

根据平均场理论，假设由改进择优增长机制演化所得的 WSNs 容错拓扑，其节点度 k_i 是连续变化的，那么，根据改进择优增长机制的演化过程可知，k_i 连续变化的速率可表示如下：

$$\frac{\partial k_i}{\partial t} = m\Pi(k_i)' \tag{2-13}$$

因监测区域内节点部署服从均匀分布，由图 2-2 可见，选择新节点 x 的邻节点集 $\sum_{j \in local-area}$ 的概率可由阴影区域与整个网络区域的面积比 $\frac{\frac{1}{2}(r_x)^2}{(r_0+t)^2}$ 来近似，那么，$\Pi(k_i)'$ 可由式（2-14）计算得到：

$$\Pi(k_i)' = \frac{k_i^\tau}{\sum\limits_{j \in local-area} k_j^\tau} = \frac{\frac{1}{2}(r_x)^2}{(r_0+t)^2} \frac{k_i^\tau}{N_t \frac{\frac{1}{2}(r_x)^2}{(r_0+t)^2} < k >_t^\tau} = \frac{k_i^\tau}{N_t < k >_t^\tau}$$

(2-14)

式中：

N_t ——t 时刻网络节点总数；

$N_t \frac{\frac{1}{2}(r_x)^2}{(r_0+t)^2}$ ——t 时刻新节点 x 的邻节点集 $\sum\limits_{j \in local-area}$ 大小；

$< k >_t$ ——t 时刻网络中节点的平均度。

根据改进择优增长机制的演化过程，t 时刻它演化出一个具有 m_0+t 个节点、mt 条边的网络容错拓扑，故 $N_t = m_0+t$，$<k>_t = \frac{2mt}{m_0+t}$。结合式(2-13)和式(2-14)，经改进择优增长机制演化所得的容错拓扑中，k_i 的变化速率可转化为

$$\frac{\partial k_i}{\partial t} = m \frac{k_i^\tau}{(m_0+t)\left(\frac{2mt}{m_0+t}\right)^\tau} = 2^{-\tau} m^{1-\tau} \frac{k_i^\tau}{t} \tag{2-15}$$

采用分离变量法解上述微分方程可得

$$k_i(t) = [(2^{-\tau} m^{1-\tau} \ln t + C)(1-\tau)]^{\frac{1}{1-\tau}} \tag{2-16}$$

进而，结合初始条件 $k_i(t_i) = m$ 得到

$$k_i(t) = m[(2^{-\tau} m^{1-\tau} \ln \frac{t}{t_i} + C)(1-\tau)]^{\frac{1}{1-\tau}} \tag{2-17}$$

从而，经改进择优增长机制演化所得的 WSNs 容错拓扑中，节点 i 的度小于 k 的概率 $p(k_i(t)<k)$ 可表示为

$$p(k_i(t) < k) = p\left(t_i > e^{\frac{1-\left(\frac{k}{m}\right)^{1-\tau}}{2^{-\tau}(1-\tau)}} t\right) \tag{2-18}$$

考虑到改进择优增长机制的演化过程，每一个时间步长仅有一个新节点加入到网络中，因此，t_i 服从均匀分布，其概率密度满足如下条件：

$$p(t_i)=\frac{1}{m_0+t} \tag{2-19}$$

最终,将式(2-19)代入式(2-18)可得到经改进择优增长机制演化所得的 WSNs 容错拓扑的度分布表达式为

$$p(k)=\frac{\partial p(k_i(t)<k)}{\partial k}=\frac{\partial\left(1-p\left(t\leqslant \mathrm{e}^{\frac{1-\left(\frac{k}{m}\right)^{1-\tau}}{2^{-\tau}(1-\tau)}}t\right)\right)}{\partial t}=$$

$$\frac{2^{\tau}}{m}\left(\frac{k}{m}\right)^{-\tau}\mathrm{e}^{\frac{1-\left(\frac{k}{m}\right)^{1-\tau}}{2^{-\tau}(1-\tau)}}=Z_3(\tau) \tag{2-20}$$

由式(2-20)可见,给定链路增长规模 m,经改进择优增长机制演化所得的 WSNs 容错拓扑的度分布 $p(k)$ 仅取决于择优度量因子 τ,记为 $Z_3(\tau)$。当择优因子 τ 趋向正无穷,这种偏好性会导致“富有者更富”的现象,即度大的节点对新加入节点具有更强的吸引力,则经改进择优增长机制演化所得的 WSNs 容错拓扑的度分布近似于幂律分布 $p(k)\propto k^{-\lambda}$,对随机节点移除有强容错性,而当择优因子 τ 等于 0,网络无偏好倾向,则经改进择优增长机制演化所得的 WSNs 容错拓扑的度分布会自组织地趋向于指数分布 $p(k)\propto \mathrm{e}^{-k}$,可有效抵御选择性节点移除,即经改进择优增长机制演化所得的 WSNs 容错拓扑,可通过 τ 值的改变调整自身度分布,实现容忍随机性与选择性的综合节点移除模式。

2.3.2　度分布特征分析

基于已获得的度分布可调 WSNs 容错拓扑度分布表达式 $p(k)=Z_3(\tau)$(式(2-20)),以及已建立的综合节点失效模型 $k_c=Z_1(t_c)$(式(2-9))和 $f_c=Z_2(t_c)$(式(2-10))。下面就拓扑的度分布特征对综合节点失效行为的容忍能力展开研究,通过比较和分析不同取值 τ 下容错拓扑的容忍能力高低,找出对能量耗尽与环境损毁综合节点失效行为容错性最强的容错拓扑参数 τ,进而得到强容错拓扑的最佳度分布 $p(k)$。具体研究思路如下:在拓扑容错性测度——网络最大连通分支规模上进行延伸,给出新的 WSNs 拓扑容错性度量指标,然后,基于该指标对综合节点失效行为下强容错拓扑的最佳度分布进行求解。

由于分割后的 WSNs 拓扑中仅最大连通分支是可用的,它的规模 S(网

络最大连通分支规模 S 与网络最大连通分支中节点总数 H 之间满足条件 $S=\frac{H}{N}$,这里 N 是网络总节点数)可体现网络监测任务——连通性能和覆盖性能的完成情况,这里沿用网络最大连通分支规模 S 的变化,来度量 WSNs 拓扑的容错性。但与其不同的是,这里没有以网络最大连通分支规模 S 降至应用需求 S_{th} 约束下的最大节点移除比例 $\tilde{f}$ 来衡量 WSNs 拓扑的容错能力,而是考虑到节点能量耗尽失效行为的引入,导致 WSNs 容错拓扑出现节点失效概率的不同,根据网络最大连通分支规模 S 降至应用需求 S_{th} 约束下的网络生存时间 t,给出 WSNs 拓扑容错性的新测度——容错度。

定义 2.1(容错度) 对于一个监测任务需求为 $\theta(0<\theta\leqslant 1)$ 的网络,移除至 t_c 时刻网络中的失效节点,剩余网络由 w 连通分支组成,即 $G_1(V_1,E_1)$,$\cdots$,$G_w(V_w,E_w)$,那么,网络可用节点数为 $A(N)=\max\{|V_1|,|V_2|,\cdots,|V_w|\}$,若此时网络最大连通分支规模 $C(N)_{t_c}=\frac{A(N)}{N}$ 与下一时刻的网络最大连通分支规模 $C(N)_{t_c+1}$ 同时满足

$$C(N)_{t_c}\geqslant\theta\cap C(N)_{t_c+1}<\theta \tag{2-21}$$

称 t_c 为网络 $G(V,E)$ 的容错度。

从上述定义可知,WSNs 拓扑容错性与其应用需求密切相关,不同的应用需求会有不同的标准 θ,而容错度 t_c 的实质就是网络所能持续维持应用需求的最长时间。容错度 t_c 值越大,该拓扑在故障存在时的生存时间就越长,面向综合节点失效行为的容错性也就越好。

基于容错度 t_c,对综合节点失效强容错拓扑的最佳度分布 $p(k)$ 的获取思路如下:首先,由度分布可调 WSNs 容错拓扑的初始度分布 $p(k)=Z_3(\tau)$,推导出 t_c 时刻能量耗尽与环境损毁综合节点失效下的度分布 $p(k_{\mathrm{II}})=Z_5(\tau,t_c)$。然后,根据综合节点失效下的容错拓扑度分布 $p(k_{\mathrm{II}})=Z_5(\tau,t_c)$,求取其最大连通分支规模 $C(N)_{t_c}=Z_6(\tau,t_c)$。最后,根据监测任务需求 $C(N)t_c\geqslant\theta\cap C(N)_{t_c+1}<\theta$,得到最大 t_c 值所对应的容错拓扑参数 τ 的取值,进而将 τ 取值代回初始度分布表达式 $p(k)=Z_3(\tau)$ 得出相应强容错拓扑的最佳度分布 $p(k)$。

定理 2.1 在 WSNs 中,若拓扑的度分布 $p(k)=\frac{2^{\tau_0}}{m}\left(\frac{k}{m}\right)^{-\tau_0}\mathrm{e}^{\frac{1-\left(\frac{k}{m}\right)^{1-\tau_0}}{2^{-\tau_0}(1-\tau_0)}}$,其中

$\tau_0=\{\tau|C(N)_{t_c}\geqslant\theta\cap C(N)_{t_c+1}<\theta\cap\max\{t_c\}\}$，则该拓扑在能量耗尽与环境损毁综合节点失效行为下具有最大容错度 t_c。

证明　根据拓扑层综合节点失效模型，能量耗尽与环境损毁综合节点失效行为可建模为网络先进行节点的随机移除，后按节点度降序选择性移除这两个相互独立的失效模式，为此，令 p_{I} 为节点的随机移除概率，由式(2-10)可知

$$p_{\mathrm{I}}=\frac{f_c}{N}=\frac{\chi}{NT}t_c \tag{2-22}$$

那么，度分布可调 WSNs 容错拓扑初始度分布 $p(k)$ 在遭受环境损毁节点失效后，原有度为 k 的节点其节点度变为 $\binom{k}{k_{\mathrm{I}}}(1-p_{\mathrm{I}})^{k_{\mathrm{I}}}p_{\mathrm{I}}{}^{k-k_{\mathrm{I}}}$，从而，环境损毁节点失效后的容错拓扑度分布 $p(k_{\mathrm{I}})$ 为

$$p(k_{\mathrm{I}})=\sum_{k=k_{\mathrm{I}}}^{\infty}p(k)\binom{k}{k_{\mathrm{I}}}(1-p_{\mathrm{I}})^{k_{\mathrm{I}}}p_{\mathrm{I}}{}^{k-k_{\mathrm{I}}}=Z_4(\tau,t_c) \tag{2-23}$$

结合式(2-9)，在能量耗尽节点失效后，$p(k_1)$ 中度大于 k_c 的节点被全部移除，为此，$p(k_{\mathrm{I}})$ 的节点最大度与其度分布均发生了改变。将网络中节点的选择性移除转化为链路的随机移除，记 $\tilde{p}$ 为链路随机移除概率，可用能量耗尽失效节点的链路数与网络总链路的比值来表示：

$$\tilde{p}=\sum_{k_{\mathrm{I}}=k_c}^{\infty}\frac{k_{\mathrm{I}}p(k_{\mathrm{I}})}{\langle k_{\mathrm{I}}\rangle} \tag{2-24}$$

式中：

$\langle k_{\mathrm{I}}\rangle$——$p(k_{\mathrm{I}})$ 的平均节点度，由 $p(k)$ 的平均节点度 $\langle k\rangle$ 计算得到，$\langle k_{\mathrm{I}}\rangle=\langle k\rangle(1-p_{\mathrm{I}})$。

那么，能量耗尽节点失效后的容错拓扑度分布 $p(k)_{\mathrm{II}}$ 可由式(2-25)来表示：

$$p(k_{\mathrm{II}})=\sum_{k_1=m}^{k_c}p(k_1)\binom{k_{\mathrm{I}}}{k_{\mathrm{II}}}(1-\tilde{p})^{k_{\mathrm{II}}}\tilde{p}^{k_{\mathrm{I}}-k_{\mathrm{II}}}=Z_5(\tau,t_c) \tag{2-25}$$

式中：

m——$p(k_{\mathrm{II}})$ 的最小度。

在获知综合节点失效下容错拓扑的度分布 $p(k_{Ⅱ})$后，下面借助概率母函数法来推导 $p(k_{Ⅱ})$最大连通分支规模 $C(N)_{t_c}$。

对于度分布 $p(k_{Ⅱ})$，其概率母函数为

$$g_0 x = \sum_{k_{Ⅱ}=m}^{k_c} p(k_{Ⅱ}) x^{k_{Ⅱ}} \tag{2-26}$$

令沿随机选择一条边的任意方向到达节点度为 $k_{Ⅱ}$ 的概率分布为 $p_E(k_{Ⅱ}) = \dfrac{k_{Ⅱ} p(k_{Ⅱ})}{\sum\limits_{k_{Ⅱ}=m}^{\infty} k_{Ⅱ} p(k_{Ⅱ})}$，则沿随机选择一条边的任意方向到达剩余度（节点度减 1）为 $k_{Ⅱ}$ 的概率分布的概率母函数为

$$g_1(x) = \sum_{k_{Ⅱ}=m}^{k_c} p_E(k_{Ⅱ}) x^{k_{Ⅱ}-1} = \frac{\sum\limits_{k_{Ⅱ}=m}^{k_c} k_{Ⅱ} p(k_{Ⅱ}) x^{k_{Ⅱ}-1}}{\sum\limits_{k_{Ⅱ}=m}^{k_c} k_{Ⅱ} p(k_{Ⅱ})} = \frac{\sum\limits_{k_{Ⅱ}=m}^{k_c} k_{Ⅱ} p(k_{Ⅱ}) x^{k_{Ⅱ}-1}}{\langle k_{Ⅱ} \rangle} \tag{2-27}$$

记 $h_1(k_{Ⅱ})$为沿随机选择一条边的任意方向到达连通片 s 的规模为 $k_{Ⅱ}$ 的概率，则其概率母函数为

$$H_1(x) = \sum_{k_{Ⅱ}=0}^{\infty} h_1(k_{Ⅱ}) x^{k_{Ⅱ}} \tag{2-28}$$

设 $h_1(k_{Ⅱ})$不包含最大连通分支，则由随机选择一条边到达连通片的规模，可以按照由这条边到达节点的剩余度分为不同的情况。当到达节点剩余度为 0 时，到达连通片规模为 1；当到达节点剩余度为 1 时，到达连通片规模为到达节点连接的网络规模加 1；当到达节点剩余度为 2 时，到达连通片规模为到达节点连接的两个网络规模之和加 1，依此类推，$H_1(x)$可表示为如下递归形式：

$$\begin{aligned} H_1(x) &= xp_E(0) + xp_E(1)H_1(x) + xp_E(2)[H_1(x)]^2 + \cdots \\ &= xg_1(H_1(x)) \end{aligned} \tag{2-29}$$

同理，记 $h_0(k_{Ⅱ})$为随机选择一个节点所属连通片规模为 $k_{Ⅱ}$ 的概率，则其概率母函数为

$$H_0(x)=\sum_{k_{\mathrm{II}}=0}^{\infty}h_0(k_{\mathrm{II}})x^{k_{\mathrm{II}}} \tag{2-30}$$

设 $h_0(k_{\mathrm{II}})$ 不包括巨组元，则所属连通片规模 $H_0(x)$ 可以按照选择节点的度分为不同的情况，表示为如下递归形式：

$$H_0(x)=xg_0(H_1(x)) \tag{2-31}$$

因此，结合式(2-26)和式(2-31)可得，$p(k_{\mathrm{II}})$ 的最大连通分支规模 $C(N)_{t_c}$ 为

$$\begin{aligned}C(N)_{t_c}&=1-H_0(1)=1-g_0(H_1(1))\\&=1-\sum_{k_{\mathrm{II}}=m}^{k_c}p(k_{\mathrm{II}})H_1(1)^{k_{\mathrm{II}}}=Z_6(\tau,t_c)\end{aligned} \tag{2-32}$$

这里，$H_1(1)$ 是联立式(2-27)和式(2-29)所得如下方程的最小非负实数解：

$$H_1(1)\langle k_{\mathrm{II}}\rangle=\sum_{k_{\mathrm{II}}=m}^{k_c}k_{\mathrm{II}}p(k_{\mathrm{II}})H_1(1)^{k_{\mathrm{II}}-1} \tag{2-33}$$

此时，将式(2-33)解得的 $H_1(1)$ 代入式(2-32)，可得出 $p(k_{\mathrm{II}})$ 在 $t=t_c$ 时的最大连通分支规模 $C(N)_{t_c}$ 的表达式。

基于 $p(k_{\mathrm{II}})$ 在 $t=t_c$ 时的最大连通分支规模 $C(N)_{t_c}$，考虑到 $p(k_{\mathrm{II}})$ 在 $t=t_c$ 时达到阈值 $C(N)_{t_c}\geqslant\theta\cap C(N)_{t_c+1}<\theta$，则将 $C(N)_{t_c}$ 的表达式代入 $C(N)_{t_c}\geqslant\theta\cap C(N)_{t_c+1}<\theta$ 易得出，不同 τ 取值下度分布可调容错拓扑的容错度 t_c，进而得出最大 t_c 值对应的强容错拓扑参数 τ 的取值 $\tau_0=\{\tau\mid C(N)_{t_c}\geqslant\theta\cap C(N)_{t_c+1}<\theta\cap\max\{t_c\}\}$。最后，将 $\tau_0=\{\tau\mid C(N)_{t_c}\geqslant\theta\cap C(N)_{t_c+1}<\theta\cap\max\{t_c\}\}$ 代入式(2-20)即获得了能量耗尽与环境损毁综合节点失效下强容错拓扑的最佳度分布 $p(k)=\dfrac{2^{\tau_0}}{m}\left(\dfrac{k}{m}\right)^{-\tau_0}\mathrm{e}^{\frac{1-\left(\frac{k}{m}\right)^{1-\tau_0}}{2^{-\tau_0}(1-\tau_0)}}$。

2.4　仿真实验与性能评价

接下来，对具体应用场景下度分布可调 WSNs 容错拓扑在不同参数 τ 下的度分布偏差及其与需求阈值、环境损毁故障的变化关系进行仿真分析，以验证强容错拓扑最佳度分布 $p(k)$ 获取方法的合理性。在此基础上，获取可

变应用场景下容错性能最好的度分布可调 WSNs 容错拓扑参数组，对比最优参数下容错拓扑与典型容错拓扑 EAEM[102]（局部演化的能量均衡 WSNs 无标度拓扑）的干扰、延迟、能效及容错性能，以验证强容错拓扑最佳度分布 $p(k)$ 获取方法的有效性。具体仿真实验的参数设置如表 2-1 所示。

表 2-1　实验参数

参数	取值	参数	取值
节点数 N	100	节点最大传输半径 r_{max}	150 m
监测圆域半径 r	500 m	发送/接收单元电路功耗 $P_{tx/rx}$	50 nJ/bit
高能节点比例 ξ	0.1~0.9	数据包长 L	4 000 bits
普通节点初始能量 E_0	1 J	数据传输速率 R	250 kbps
高能节点初始能量超过普通节点的倍数 Ψ	0.5~5	载波波长 λ	12.5 cm
择优度量因子 τ	0~∞	随机故障时间域 T	100 000 000
最小接收功率 P_0	−94 dBm	随机故障导致的失效节点 χ	100

在表 2-1 所示的实验场景下，本节设定了四组仿真实验分别为：实验一、度分布可调 WSNs 容错拓扑的理论度分布与其实际度分布的偏差情况。实验二、度分布可调 WSNs 容错拓扑参数 τ 与需求阈值 θ 及环境故障 χ 的变化关系。实验三、度分布可调 WSNs 容错拓扑参数组（ξ,Ψ,τ）与相应拓扑容错度 t_c 的变化关系。实验四、最优参数组下 WSNs 容错拓扑与 EAEM 拓扑的性能对比分析。各项结果均为运行 100 次的平均值。

实验一　度分布可调 WSNs 容错拓扑的理论度分布与其实际度分布的偏差情况

表 2-2 给出了 $\xi=0.1,\Psi=3$ 时，拓扑参数 τ 分别为 0,0.3,0.6,0.9,1.2,1.5,1.8 和 50 条件下的度分布可调 WSNs 容错拓扑理论度分布与其实际值的偏差。

表 2-2　拓扑的理论度分布与其实际度分布的偏差

τ 取值	0	0.3	0.6	0.9	1.2	1.5	1.8	50
平均偏差	0.080 9	0.110 9	0.136 7	0.170 5	0.215 5	0.284 74	0.358 41	$1.352\,6\times10^{14}$

可以看到，随着 τ 取值的增大，度分布可调 WSNs 容错拓扑度分布的理论值与其实际值之间的偏差也相应增大，为确保拓扑容错性研究方法在实际应用中的有效性，下面仅对参数 $\tau\in[0,1.5]\cap\tau\neq1$ 内的度分布可调

WSNs 容错拓扑参数与其性能的变化关系进行仿真分析。

实验二　度分布可调 WSNs 容错拓扑参数 τ 与需求阈值 θ 及环境故障 χ 的变化关系

图 2-3 给出了 $\xi=0.1$，$\Psi=3$ 时，不同 τ 取值及需求阈值 θ 下的度分布可调 WSNs 容错拓扑的容错度 t_c 的变化结果。其中图 2-3(a)和图 2-3(b)分别为环境损毁失效节点总数 χ 为 100 和 500 时的变化情况。

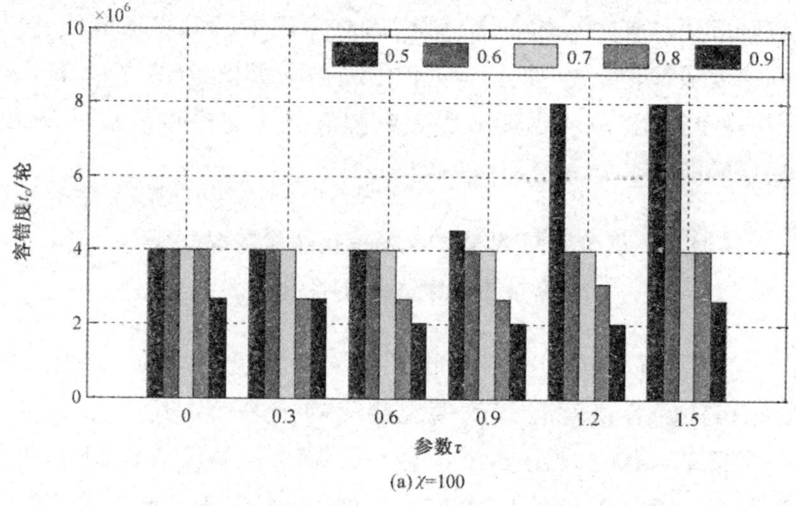

(a) χ=100

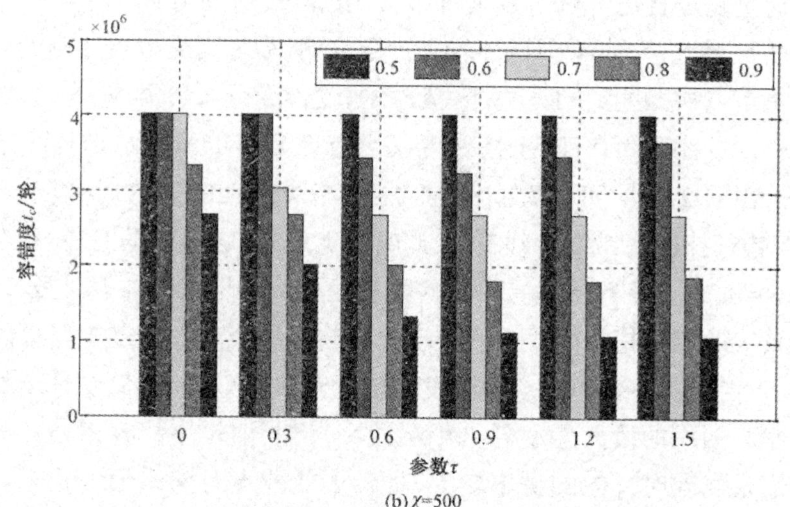

(b) χ=500

图 2-3　参数 τ 与需求阈值 θ 及环境故障 χ 的变化关系

从图 2-3(a)中可知，在需求阈值 θ 较高时，如在 $\theta=0.9$ 的约束下，τ 取值较小的容错拓扑($\tau=0$)相对 τ 取值较大的容错拓扑($\tau=1.5$)具有较高的容错度；随着需求阈值的下降，在 $\theta=0.8$ 和 $\theta=0.7$ 的约束下，$\tau=0$ 的容错拓

扑与 $\tau=1.5$ 的容错拓扑具有相同的容错度;随着需求阈值的再度下降,在 $\theta=0.6$ 和 $\theta=0.5$ 时,$\tau=0$ 的容错拓扑较 $\tau=1.5$ 的容错拓扑具有较低的容错度。这说明,在特定的 WSNs 应用中,需根据不同的应用需求来确定不同度分布形式(指数分布或幂律分布)的容错拓扑,不存在适应各种场景的单一容错结构。另外,由图 2-3(b)可知,在环境损毁节点失效严重的应用($\chi=500$)中,τ 取值及需求阈值 θ 下的容错拓扑的容错度变化规律与环境损毁节点失效较轻应用($\chi=100$)相一致,且 $\chi=500$ 应用中的低需求阈值 $\theta=0.5$ 约束下的容错度最优值 τ 相当于 $\chi=100$ 中高需求阈值 $\theta=0.7$ 约束下的容错取值情况,这也说明,环境损毁节点失效程度是决定应用需求的基本因素,两者呈递增的趋势。

实验三　度分布可调 WSNs 容错拓扑参数组(ξ,Ψ,τ)与相应拓扑容错度 t_c 的变化关系

图 2-4(a)和图 2-4(b)分别给出了不同参数组合(ξ,ψ)下度分布可调 WSNs 容错拓扑的容错度 t_c 最优值及相应的 τ 取值。其中,需求阈值 $\theta=0.5$,环境故障 $\chi=100$。从图 2-4(a)中可知,随着高能节点比例 Ψ 和高能节点初始能量超过普通节点倍数 Ψ 取值的增加,度分布可调 WSNs 容错拓扑的容错度 t_c 最优值 $\max(t_c)$ 随之增大。这表明,增加高能节点比例的方法和增加高能节点初始能量的方法都会较好地改善度分布可调 WSNs 容错拓扑的容错性。主要原因在于,上述两者都可有效延缓能量耗尽节点失效行为的出现。由图 2-4(b)可以看到,在参数组(ξ,ψ)为(0.9,5)时,度分布可调 WSNs 容错拓扑的容错度达到最大,此时,$\tau=1.5$。这主要是因为,较低的需求阈值 $\theta=0.5$,意味着可承受较多的能量耗尽及环境损毁综合失效节点,虽然 τ 值较大的容错拓扑相对 τ 值较小的容错拓扑会较早出现少量能量耗尽失效节点,但绝大多数节点会较晚发生能量耗尽失效,且它们在环境损毁失效后对整个网络的最大连通分支影响较小,但 τ 值较小的容错拓扑中绝大多数节点发生同时失效的概率较大,且各失效节点对网络最大连通分支影响相同,为此,在需求阈值较低的应用中,τ 值较大的容错拓扑对综合节点失效的容错性较好,也就是说,在需求阈值 $\theta=0.5$,环境故障 $\chi=100$ 的场景中,度分布服从幂律分布的容错拓扑相对度分布服从指数分布的容错拓扑,对综合节点失效的容错性好。

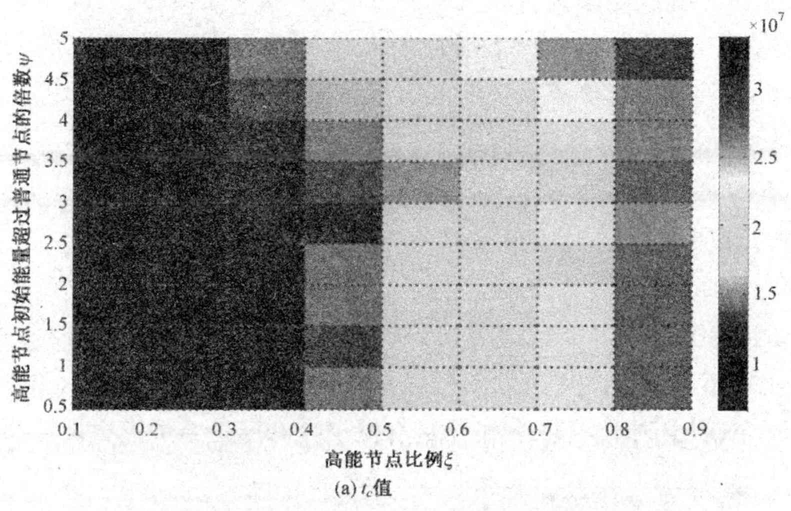

(a) t_c值

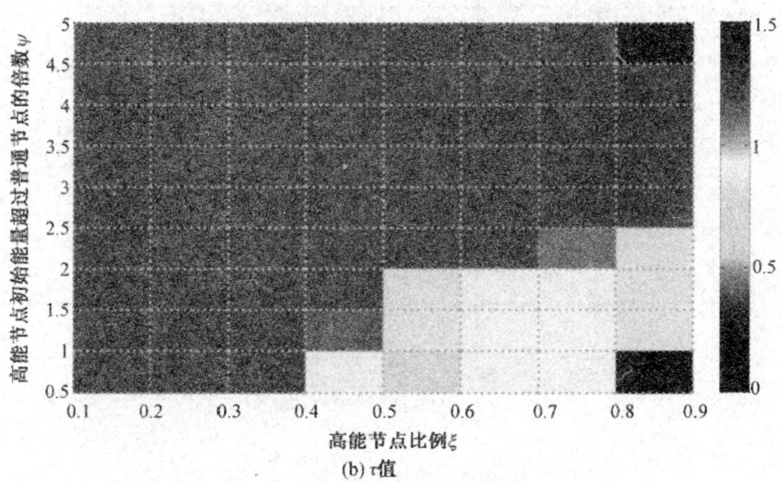

(b) τ值

图 2-4　拓扑参数组(ξ,ψ,τ)与相应容错拓扑容错度 t_c 及 τ 的变化关系

实验四　最优参数组下 WSNs 容错拓扑与 EAEM 拓扑的性能对比分析

低干扰、低延迟、高能效、高容错都是 WSNs 拓扑结构希望具有的性质。对于功率控制的 WSNs 拓扑而言，网络无线信道的竞争与 1 跳邻居节点的个数成正比，即减小节点度就可以减小通信干扰。网络中源节点到目的节点（基站）的跳数代表了端到端延迟，即减少跳数就可以降低延迟。由于节点能量耗尽的存活时间在一定程度上体现了网络能量有效性，即节点出现能

量耗尽的时刻越晚，网络能量利用率就越高。可承受的最大节点移除（随机性或选择性）比例在一定程度上反映了网络的容错性能，即可承受的节点移除比例越大，网络持续提供服务的能力越强。

图 2-5 给出了最优参数组（ξ,ψ,τ）为（0.9，5，1.5）下的容错拓扑（即参数 $\tau=1.5$ 所对应的度分布服从幂律分布的无标度拓扑），记 ADD 拓扑，与 EAEM 拓扑在干扰、延迟、能效及容错性能方面的对比分析结果。由图 2-5（a）可知，ADD 拓扑的平均节点度与 EAEM 拓扑相等，但其最大节点度小于 EAEM 拓扑情况。由图 2-5（b）可知，ADD 拓扑的平均路径长度（平均跳数）小于 EAEM 拓扑，同时，其最大路径长度（最大跳数）也小于 EAEM 拓扑情况。从而，ADD 拓扑较 EAEM 拓扑具有低干扰和低延迟的优秀性能。

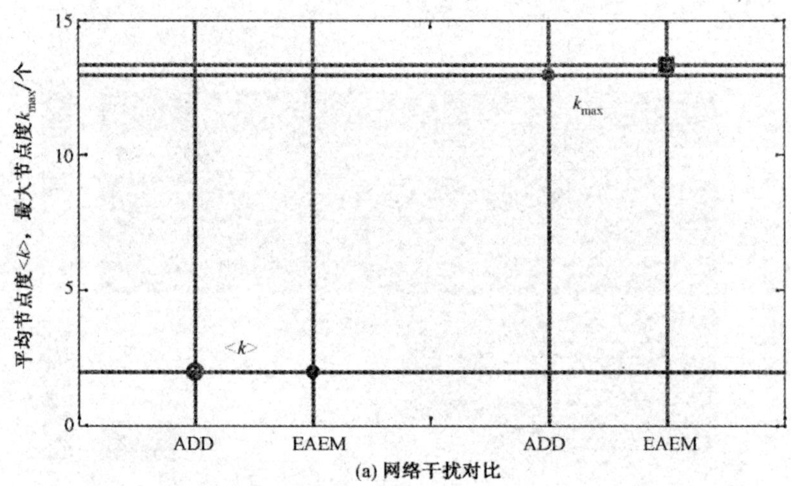

(a) 网络干扰对比

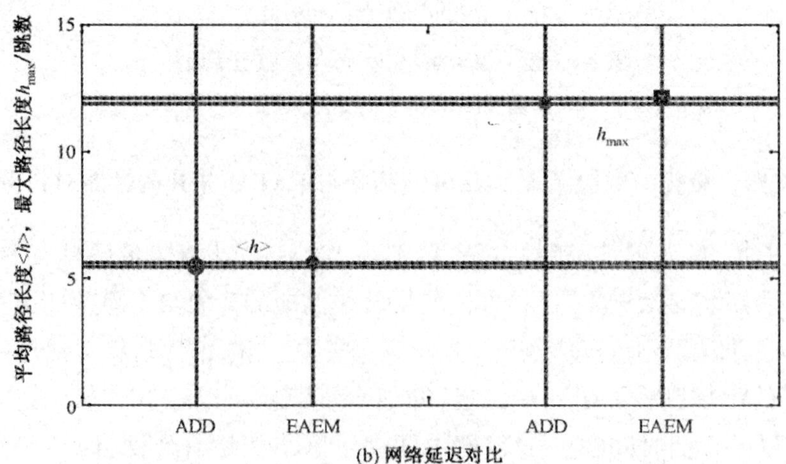

(b) 网络延迟对比

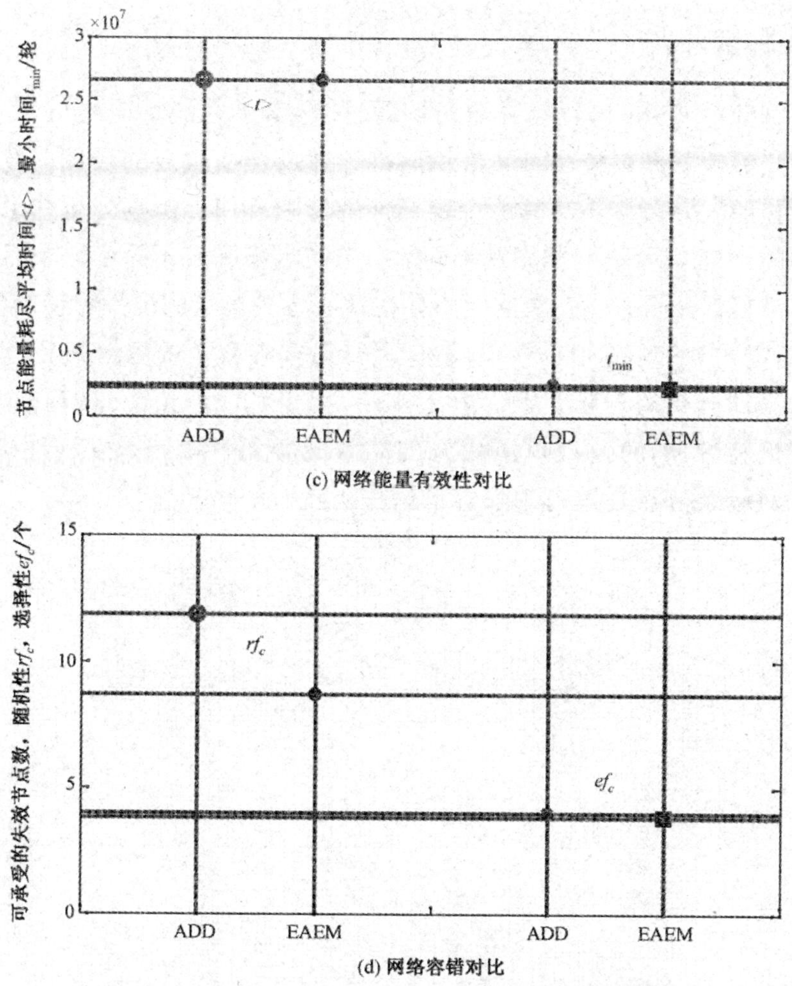

(c) 网络能量有效性对比

(d) 网络容错对比

图 2-5　最优参数下容错拓扑与 EAEM 拓扑性能对比

另外，由图 2-5(c)可知，ADD 拓扑中能量耗尽节点的平均生存时间与 EAEM 拓扑相同，但其最小生存时间高于 EAEM 拓扑，虽然直观看 ADD 拓扑中能量耗尽节点的最小生存时间较 EAEM 拓扑有较小的提升，但由于最小生存时间的增长级数为 10^7，故 ADD 拓扑中能量耗尽节点的最小生存时间较 EAEM 拓扑有大幅的增长。且由图 2-5(d)可知，ADD 拓扑对随机性节点移除以及选择性节点移除模式的容错能力均优于 EAEM 拓扑，这也表明，ADD 拓扑较 EAEM 拓扑还具有高能效、高容错的优秀性质。

2.5 本章小结

本章针对 WSNs 容错拓扑分析问题,推导出了在能量耗尽与环境损毁综合节点失效下具有较长时间维持网络连通及覆盖服务的最优参数组,揭示了拓扑的度分布特征对其综合容错性的影响规律。仿真分析结果表明,在特定的 WSNs 应用中,需根据不同的应用需求来确定不同度分布形式(指数分布或幂律分布)的容错拓扑,不存在适应各种场景的统一容错结构。并且,在给定的 WSNs 应用场景下,解析所得最优参数下的容错拓扑,即度分布服从幂律分布的无标度容错拓扑 ADD,相比 EAEM 拓扑,具有更小的干扰及延迟特性,同时还提供了更好的能效及容错性能,这也证实了,解析得到的对综合节点失效行为强容错拓扑所具有的最佳度分布是有效的。

第3章 无线传感器网络容错拓扑节点重要度评估研究

本章针对无线传感器网络容错拓扑的节点重要度评估问题，利用构建节点重要度贡献矩阵的思想，提出了一种节点重要度排序的新方法。该方法利用相邻节点的结构洞重要性指标值和 K-核重要性指标值得到节点间的重要度贡献关系，同时以节点自身 K-核重要性刻画节点的全局位置信息，在分析网络局部重要性的基础上结合全局重要性，使得节点的重要度评价更加全面，评估结果也更为准确。

3.1 概述

WSNs 容错拓扑的节点重要度评估问题对于网络性能的提升、网络协议的优化、系统生命期的延长均具有重要的研究价值。由于 WSNs 属于复杂网络的研究范畴，因此在研究 WSNs 容错拓扑的节点重要度评估问题时，借助复杂网络理论是目前主要的一种手段。复杂网络的节点重要度评估起源于社会网络分析领域，其中以 Freeman 等为代表的学者在早期作出了巨大贡献[103]，评估节点重要度的方法在此基础上不断被研究，直到目前，评估方法大致可总结为三类：

（1）社会网络分析方法　主要思想是将节点的"重要性等价为显著性"，以网络的通信结构完整、不被破坏为前提，通过分析节点的显著特征来确定节点的重要性。最经典的是度指标，直接反映节点对于网络中其他节点的影响力，Freeman 提出了反映全局重要性的介数指标，另外还有紧密度、特征向量、网络直径等都属于社会网络分析提出的指标。这些指标从网络结构特征的不同方向评价了节点重要度，但并未考虑节点之间的重要性，存在一定局限性。

(2) 系统科学分析方法　主要思想是重要性等价于破坏性，节点的重要性可以通过移除该节点后，衡量网络连通性的破坏程度来评估。如对系统功能起决定性作用的“核”，以及衡量一个系统的连通性的“核度”理论[104-105]，基于生成树数目、最短路径距离的节点删除法，以及在节点失效或者被移除后，可设置阈值以网络直径或网络连通系数衡量网络性能下降程度，并以此评估节点重要性等。这些基于节点删除的评估方法，虽然能从网络全局角度分析节点重要度，但是大多方法的算法效率较低，对于大型网络的计算能力不理想。

(3) 信息搜索分析方法　主要针对的是复杂网络中的互联网，网络中节点就是互联网页面，连接网络节点之间的边则是页面之间的超链接，而节点重要度评估则主要用于搜索引擎，检索结果即对相关网页进行重要度排序。Larry Page 等人提出了 PageRank 算法对网页进行排名，将文献检索中的引用理论用到 Web 中，引用网页的链接数越多，该网页的重要等级越高[106]。Jon Kleinberg 等人提出了 HITS 算法，建立网络的入度和出度的矩阵，通过迭代算法进行网页的重要性评估来搜索最有价值的网页[107]。这些算法能有效提高网页节点重要程度排序的准确性以及检索结果的质量。

依据上述各指标的设计思路来分析各指标的优缺点，如表 3-1 所示。

表 3-1　各评估指标的优缺点

指标名称	时间复杂度	优点	缺点
度中心性	$O(n)$	反映节点的直接影响力，计算简单	只考虑局部特征
介数中心性	$O(n^3)$	考虑了节点的信息负载能力	计算效率较低，不适用于大型网络
紧密度中心性	$O(n^2)$	反映节点靠近中心位置的程度	不适用于随机网络
特征向量中心性	$O(n^2)$	考虑了邻居节点的间接作用	对于各节点的实际情况过于简化
PageRank	$O(n)$	考虑到了全网的拓扑特性	忽略了页面自身的实际情况，出现多种排序结果
HITS	$O(n)$	考虑了页面之间的超链接	忽略页面的文本及其他内容，网页的非正常连接导致结果不准确

通过表 3-1 的对比可以发现，各指标的优缺点以及时间复杂度各不相同，各个指标评估节点重要度的研究角度也不一样，对于实际的 WSNs 而言，为提高评估的全面性，结合多指标的评估方法成为重点的研究方向。不仅如此，关键节点排序问题也不再仅局限于网络中的核心节点，比如处于结构洞位置的节点也可视为网络中的关键节点，它克服了单独考虑各个节点重要性的不足，且有利于发现在具有强社团结构下最具影响力的节点。

当前依据 WSNs 结构特征，对于单独利用节点的中心性特征或结构洞特征来评估节点重要度的研究已较为深入，但对于综合考虑结构洞和中心性特征的研究目前并不多，在网络结构上一些潜在的关键节点仍无法被发现，节点重要度方法存在不足。因此，本章介绍了结构洞和 K-核两个重要度指标的概念，利用二者分析节点重要度贡献关系，构建了基于重要度贡献的评估模型，得到了综合网络局部和全局重要性的节点重要度评估方法，实现了在 WSNs 容错拓扑结构上评估节点重要度的全面性，并且对于大型网络具有理想的计算能力。

3.2　重要度评价指标

为了对 WSNs 容错拓扑的节点重要度进行评估，在研究网络的重要度贡献关系时将利用到结构洞和 K-核两个评价指标，下面研究这两个指标。

3.2.1　结构洞指标

结构洞是 Burt 研究社会网络中竞争关系时提出的经典社会学理论[108]，从社会学角度看，结构洞是存在于没有冗余联系人之间的缺口，如图 3-1(a)中的 A，B 间没有冗余联系，彼此之间存在结构洞的联系人可以带来累加而非重叠的网络收益[109]，从图 3-1(a)明显看到，节点“K”比其邻居节点 A、B、C 得到的网络收益更多，即在网络中节点“K”比其他节点更重要。但是如果 B，C 相连，则会使得“K”网络收益减少。从复杂网络角度看，节点拥有的结构洞越多，越有利于信息的传播。

设图 $G=(V,E)$ 是一个无自环的无向网络，共有 n 个节点、m 条边，其中 $V=\{v_1,v_2,\cdots,v_n\}$ 是网络中所有节点的集合，$E=\{e_1,e_2,\cdots,e_m\}$ 且 $E\subseteq V\times V$ 是节点间边的集合。邻接矩阵记为 $\boldsymbol{A}_{n\times n}=(a_{ij})_{n\times n}$，其中：

$$a_{ij}=\begin{cases}1, & i\text{与}j\text{有连接}\\0, & i\text{与}j\text{没有连接}\end{cases} \tag{3-1}$$

则节点 i 的度可以记为

$$k(i)=\sum_{j\in G}a_{ij} \tag{3-2}$$

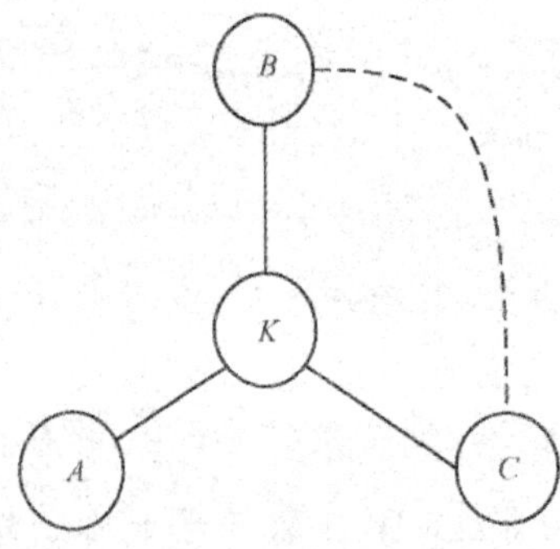

(a) 节点"K"的结构洞

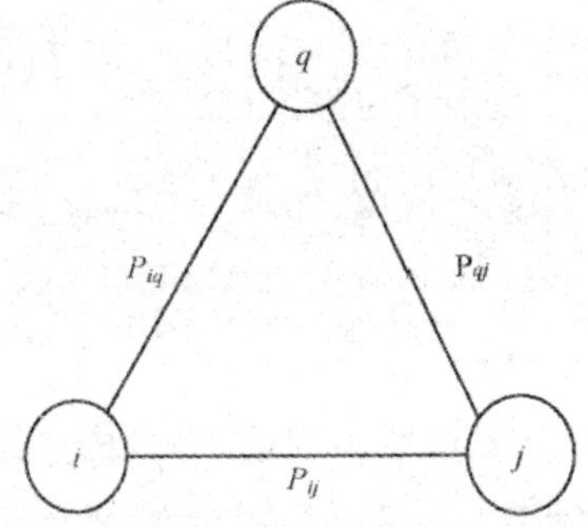

(b) 评价节点/对节点/投入精力

图 3-1 结构洞概念

结合节点的度，节点 i 的邻接度可表示为

$$Q(i)=\sum_{\omega\in\Gamma(i)}k(\omega) \tag{3-3}$$

式中：

$\Gamma(i)$——节点 i 的邻居的集合。

网络的约束系数可以衡量网络中节点形成结构洞时所受到的相邻节点的约束情况，是测量结构洞的一种指标。网络的约束系数越小，结构洞程度越大，节点就越重要。约束系数可表示为

$$RC_i=\sum_{j\in\Gamma(i)}\left(p_{ij}+\sum_{q}p_{iq}p_{qj}\right),q\neq i,j \tag{3-4}$$

式中：

q——节点 i 和节点 j 的共同邻居。

考虑到节点度和节点邻居的拓扑结构对该节点的影响，可以将节点 i 对节点 j 投入精力 p_{ij} 记为

$$p_{ij}=\frac{Q(j)}{\sum_{\nu\in\Gamma(i)}Q(\nu)} \tag{3-5}$$

3.2.2 *K*-核指标

Kitsak 等人研究发现，节点在整个网络中的位置影响着节点重要度的

评估[110]，并且通过 *K*-核分解[111]的方法得到了 *K-shell* 指标，利用该指标评估节点重要度，能准确地找到最有影响力的节点。该指标对于大规模网络的计算效率十分理想，计算的时间复杂度仅为 $O(n)$。针对 WSNs 容错拓扑的无标度结构特点，这里将利用混合度分解的方法[112]获取 *K*-核指标。

混合度分解方法考虑节点的 *Ks* 信息和经过 *Ks* 分解后被移除节点的信息，其公式为

$$k_i^m = k_i^r + \lambda k_i^e \tag{3-6}$$

式中：

k_i^m ——经过 *Ks* 分解后节点的度信息，即节点的 *Ks* 值；

k_i^e ——经过 *Ks* 分解后，被移除节点的度信息；

λ ——$0 \leqslant \lambda \leqslant 1$，当 $\lambda=0$，表示节点 i 的 *Ks* 值，当 $\lambda=1$ 时，表示节点的度信息。

MDD 分解的具体流程为：

(1) 初始时，网络中节点 k_i^m 的值就是 k_i^r；

(2) 在网络中寻找 k^m 值最小的节点并进行移除，并对其赋值 *M-shell*；

(3) 对网络中的剩余节点进行一次 k^m 值的更新，更新计算 $k_i^m = k_i^r + \lambda k_i^e$，此时再对比网络中的 k^m 值与 M 值，对于小于或等于 M 的节点进行递归移除，并赋值 *M-shell*，直到网络中所有剩余节点的 k^m 值大于 M。

不断重复步骤(2)和(3)，M 值将不断增大，最后，网络中节点都将拥有其对应的 M 值，即节点的 *K*-核指标。具体 *Ks* 分解步骤如图 3-2 所示。

3.3　基于重要度贡献的无标度容错拓扑节点重要度评估

本节将利用构建节点重要度贡献矩阵的思想，融合网络的结构洞特征和中心性特征。运用 *K*-核重要性刻画节点在网络信息传播中所起的作用，利用相邻节点的结构洞重要性指标和 *K*-核重要性指标得到相邻节点的重要度贡献，体现节点的局部重要性，同时节点自身的 *K*-核重要性体现节点在网络中的全局位置信息，综合相邻节点间的重要度贡献和节点自身的位置信息，最终得到节点的重要度。

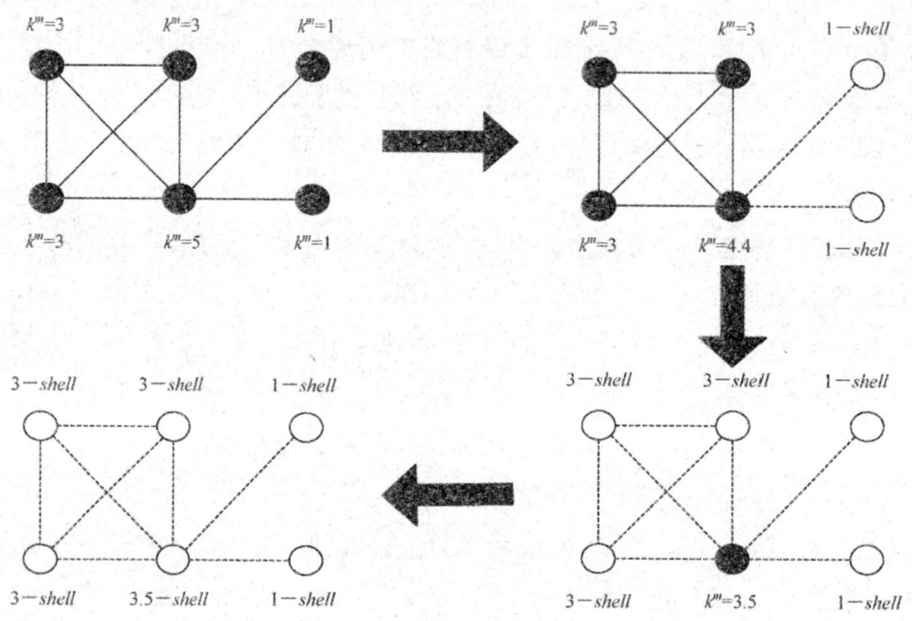

图 3-2　混合度分解方法示意图，其中 $\lambda=0.7$

3.3.1　基于结构洞的重要度贡献比例关系

网络是由节点和边组成的统一整体，节点并非孤立存在，邻居节点的信息很大程度上会影响到该节点的重要度，这种存在于节点间的影响关系可以通过节点间的重要度贡献的形式进行描述。但是与以往研究的重要度贡献关系不同，这里在研究相邻节点间的重要度贡献关系时，将引入结构洞特征，利用节点间的结构洞重要性来确定节点对其相邻节点的重要度贡献比例。

依据结构洞理论中节点的约束系数可得出节点 i 的结构洞重要性指标 L_i：

$$L_i = \frac{1 - RC_i}{\sum_{j=1}^{n}(1 - RC_j)} \tag{3-7}$$

即节点 i 的结构洞重要性指标 L_i 为节点 i 的约束系数与网络中所有节点的约束系数的比值。

将网络中所有的节点 j 按照一定的比例值将自身的重要度贡献分配给与其相邻节点 i，然后将网络中的全部节点对其邻居节点的重要度贡献比例值均在矩阵中表示出来，再结合网络的邻接矩阵 $\boldsymbol{A}_{n\times n}=(a_{ij})_{n\times n}$，就形成了节点重要度贡献矩阵。记作矩阵 $\boldsymbol{L}_C$：

$$\boldsymbol{L}_C=\begin{pmatrix} 1 & a_{12}\dfrac{L_2}{\sum\limits_{k\in\Gamma(v_1)}L_k} & \cdots & a_{1n}\dfrac{L_n}{\sum\limits_{k\in\Gamma(v_1)}L_k} \\ a_{21}\dfrac{L_1}{\sum\limits_{k\in\Gamma(v_2)}L_k} & 1 & \cdots & a_{2n}\dfrac{L_n}{\sum\limits_{k\in\Gamma(v_2)}L_k} \\ \vdots & \vdots & & \vdots \\ a_{n1}\dfrac{L_1}{\sum\limits_{k\in\Gamma(v_n)}L_k} & a_{n2}\dfrac{L_2}{\sum\limits_{k\in\Gamma(v_n)}L_k} & \cdots & 1 \end{pmatrix} \tag{3-8}$$

上式矩阵中的元素 $(\boldsymbol{L}_C)_{ij}=a_{ij}\dfrac{L_j}{\sum\limits_{k\in\Gamma(v_i)}L_k}$，它表示节点 j 对节点 i 的重要性贡献比例值，它是指节点 j 的结构洞重要性指标值占节点 i 所有相邻节点结构洞重要性指标值的比重。其中 $\Gamma(v_i)$ 表示节点 i 的相邻节点的集合。对角线上的数都是 1，描述的是节点对自身的重要度贡献比例值。因此，在网络中节点 i 将根据其所有邻居节点的结构洞重要性的相对大小来反映其邻居节点对节点 i 的重要度贡献。若节点 i 将分配自身的重要度，对于分配较多重要度的邻居节点来说，其结构洞重要性指标值所占比重肯定较大。

3.3.2 基于重要度贡献的评价模型

节点的局部信息和全局信息是评价节点重要度的两个关键因素。节点重要度贡献矩阵 $\boldsymbol{L}_C$ 从节点的结构洞重要性入手反映了相邻节点间的影响关系，在一定程度上可表征节点的局部相邻信息。节点的 K-核指标考虑的是节点在整个网络中的信息传播的影响力，是依据网络的中心性特征来评估节点重要性，相比于节点效率、介数等中心性指标，其时间复杂度低，适合用于大型网络，可表征节点的全局位置信息。

由 K-核指标可得出节点 i 的 K-核重要性 MK_i：

$$MK_i = \frac{M_i}{\sum_{j=1}^{n} M_j} \tag{3-9}$$

由式(3-9)可知，节点的 K-核重要性是指节点 i 的 M_i 值与网络中所有节点 M 值之和的比值，可以看出该节点对网络中其他节点信息传播的影响程度，同时反映了该节点在网络信息传输中的位置信息，K-核重要性指标值越大，表明节点所处位置越重要，则节点的重要程度越大。

利用节点的结构洞重要性构建的矩阵 $\boldsymbol{L}_C$，已经从一定程度上反映了相邻节点间的重要度贡献比例关系，考虑到节点的 K-核重要性表征了节点的位置信息，于是可通过融合相邻节点的 K-核重要性指标值优化 $\boldsymbol{L}_C$ 中的重要度贡献比例值，得到更为全面体现相邻节点间重要度贡献关系的节点重要度评价矩阵 $\boldsymbol{H}_C$：

$$\boldsymbol{H}_C = \begin{pmatrix} MK_1 & a_{12}\frac{L_1}{\sum_{k\in\Gamma(v_1)} L_k}MK_2 & \cdots & a_{1n}\frac{L_n}{\sum_{k\in\Gamma(v_1)} L_k}MK_n \\ a_{21}\frac{L_1}{\sum_{k\in\Gamma(v_2)} L_k}MK_1 & MK_2 & \cdots & a_{2n}\frac{L_n}{\sum_{k\in\Gamma(v_2)} L_k}MK_n \\ \vdots & \vdots & & \vdots \\ a_{n1}\frac{L_1}{\sum_{k\in\Gamma(v_n)} L_k}MK_1 & a_{n2}\frac{L_2}{\sum_{k\in\Gamma(v_n)} L_k}MK_2 & \cdots & MK_n \end{pmatrix} \tag{3-10}$$

其中，元素 H_{Cij} 表示节点 j 对节点 i 的重要度贡献值，这说明一个节点的 K-核重要性和结构洞重要性决定了对其相邻节点的重要度贡献的程度，节点的 K-核重要性的指标值以及结构洞重要性的指标值越大，则此节点对其相邻节点的重要度贡献越大。

运用重要性评价矩阵 $\boldsymbol{H}_C$ 可以获得相邻节点间的重要度贡献关系，再同时把节点自身的 K-核重要性考虑进来，即可得到节点 i 的重要度 C_i：

$$C_i = MK_i \cdot \sum_{j=1, j\neq i}^{n} MK_j a_{ij} \frac{L_j}{\sum_{k\in\Gamma(v_i)} L_k} \tag{3-11}$$

通过式(3-11)可知,C_i 由节点 i 的所有相邻节点的重要度贡献总值与节点 i 的 K-核重要性指标值相乘得到,说明一个节点自身的 K-核重要性指标值,以及相邻节点的 K-核重要性指标值和结构洞重要性指标值可以决定该节点的重要程度,它兼顾了全局和局部两个角度,克服了仅从一个角度进行评估的局限性,提高了评估结果的准确性。

3.3.3 节点重要度评估方法流程

基于上述分析,基于重要度贡献的节点重要度评估方法,首先综合考虑了相邻节点的 K-核重要性指标和结构洞重要性指标来确定相邻节点的重要度贡献,从而获得节点重要度评价矩阵 $\boldsymbol{H}_C$,在此基础上再结合节点自身的 K-核重要性得到节点的重要度 C_i,运用此方法不仅可以融合网络中节点的结构洞特征和节点的中心性特征,同时还能综合全局和局部两个方面对复杂网络中节点的重要度进行评估,其最终的评估结果从网络的结构角度来说较为准确。下面给出基于重要度贡献的节点重要度评估方法的流程图如图 3-3 所示。

基于重要度贡献的节点重要度评估方法的具体步骤如下:

输入:n 个节点的无线传感器网络的邻接矩阵 $\boldsymbol{A}=(a_{ij})_{n\times n}$

输出:节点 i 的重要度 C_i

步骤 1:通过邻接矩阵 $\boldsymbol{A}=(a_{ij})_{n\times n}$ 计算出所有节点的度 $k(i)$、邻接度 $Q(i)$,所有相邻节点间节点 i 对节点 j 投入的精力 p_{ij},再根据式(3-4)计算每个节点的约束系数 RC_i,将约束系数 RC_i 代入式(3-7)则可得到结构洞重要性指标值 L_i。

步骤 2:通过混合度分解过程以及式 $k_i^m=k_i^r+\lambda k_i^e$($\lambda$ 取 0.7)得到所有节点的 K-核指标值 M_i,将 M_i 代入式(3-9)则可得到节点的 K-核重要性指标值 MK_i。

步骤 3:确定节点重要度贡献矩阵 $\boldsymbol{L}_C$,利用已求的节点的结构洞重要性指标值计算所有节点对其相邻节点的重要性贡献比例值,再结合网络的邻接矩阵元素 a_{ij},可得到 $\boldsymbol{L}_C$ 的各个元素 L_{Cij}。

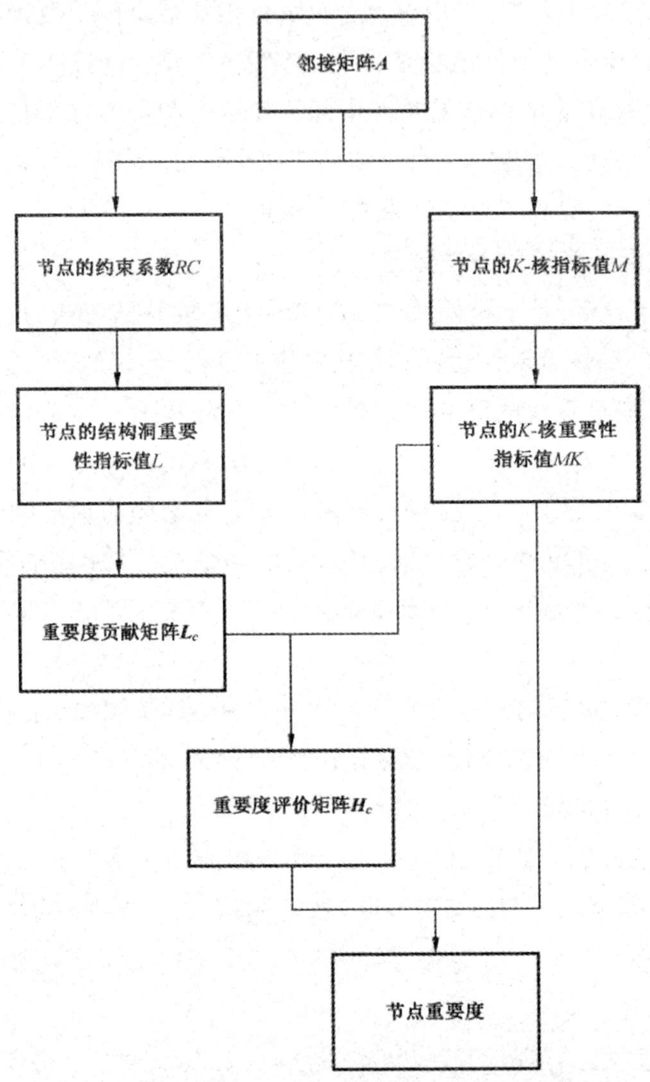

图 3-3　基于重要度贡献的节点重要度评估方法的流程图

步骤 4:确定节点中重要度评价矩阵 $\boldsymbol{H}_C$,计算所有节点对其相邻节点的重要度贡献值,可将 $\boldsymbol{L}_C$ 矩阵的第 i 列中的数都乘以 K-核重要性指标值 MK_i,作为 $\boldsymbol{H}_C$ 的第 i 列。

步骤 5:根据重要度评价矩阵 $\boldsymbol{H}_C$ 以及式(3-11),计算出每个节点的重要度 C_i,将所有节点依据重要度值从大到小进行排序。

从以上算法步骤可以看出,整个方法时间复杂度取决于节点的结构洞的约束系数 RC_i 的计算以及 K-核重要性中的 k_i^m 值的计算。计算约束系数

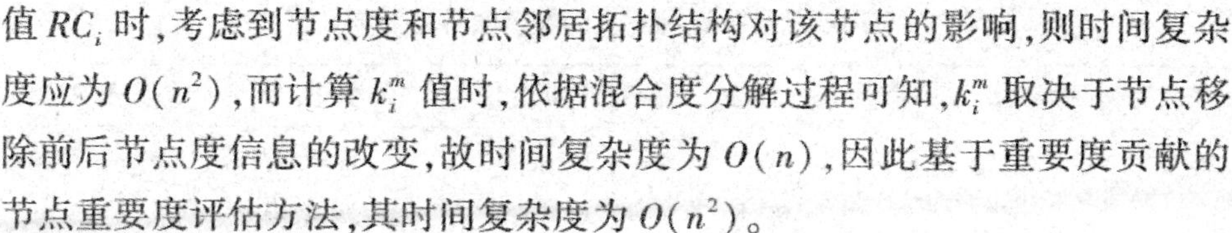

值 RC_i 时，考虑到节点度和节点邻居拓扑结构对该节点的影响，则时间复杂度应为 $O(n^2)$，而计算 k_i^m 值时，依据混合度分解过程可知，k_i^m 取决于节点移除前后节点度信息的改变，故时间复杂度为 $O(n)$，因此基于重要度贡献的节点重要度评估方法，其时间复杂度为 $O(n^2)$。

3.4　仿真实验与性能评价

下面选择 WSNs 中具有代表性的 BA 无标度容错拓扑进行仿真分析，并进行了如下三类实验：实验一运用 30 个节点的网络结构进行验证，说明所提出方法的有效性；实验二模拟网络的蓄意攻击，进一步验证所提出的方法在不同网络规模下的有效性（重点对比 100 个节点的小规模网络以及 1 000 个节点的大规模网络中的情况）；实验三统计各方法进行节点重要度评估的运行时间，验证所提方法的计算效率。

实验一　有效性分析

本次仿真假设将节点随机分布在 500 m×500 m 的方形区域，节点数目设定为 30 个，构建出的拓扑图如图 3-4 所示。首先基于此网络拓扑，利用本章方法与其他方法（邻域结构洞法、重要度矩阵法、介数法、节点删除法）可以各自得到每个节点的节点重要度，评估结果如表 3-2 所示。

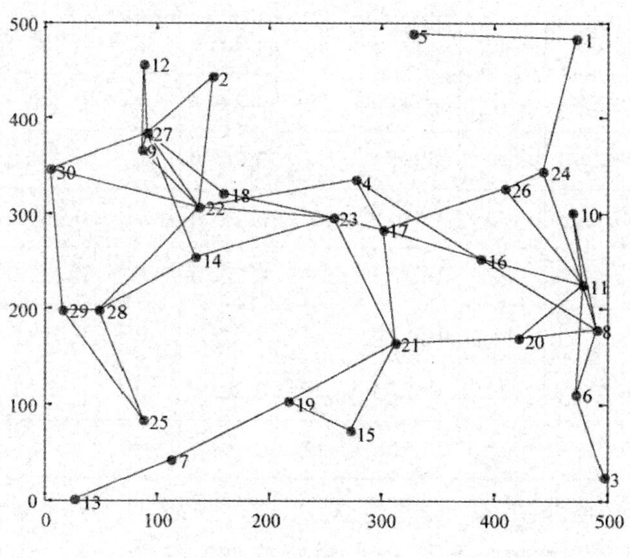

图 3-4　网络拓扑图

表 3-2 无标度网络节点重要度评估结果

	本章方法		邻域结构洞法		重要度矩阵法		介数法		节点删除法	
节点排名	节点号	重要度值	节点号	重要度值	节点号	重要度值	节点号	重要度值	节点号	重要度值
1	v22	0.136 9	v22	0.247 4	v22	0.553 4	v23	0.485 1	v1	1
2	v11	0.120 2	v23	0.257 0	v27	0.523 1	v17	0.432 2	v6	1
3	v27	0.114 8	v17	0.299 3	v23	0.475 7	v21	0.324 1	v7	1
4	v17	0.079 8	v11	0.318 8	v17	0.458 5	v22	0.236 8	v19	1
5	v23	0.076 7	v21	0.322 9	v11	0.447 8	v16	0.223 0	v21	1
6	v21	0.068 3	v14	0.342 7	v9	0.435 2	v14	0.190 8	v11	0.998 1
7	v8	0.065 3	v28	0.343 1	v16	0.387 1	v19	0.190 8	v27	0.996 7
8	v16	0.061 4	v27	0.346 3	v8	0.358 6	v24	0.190 8	v22	0.987 4
9	v28	0.038 1	v16	0.381 0	v21	0.325 3	v26	0.188 5	v28	0.962 6
10	v4	0.036 7	v4	0.435 6	v26	0.314 7	v28	0.179 3	v23	0.961 8
11	v20	0.035 9	v20	0.457 5	v4	0.309 0	v11	0.174 7	v8	0.958 9
12	v14	0.033 5	v29	0.487 5	v20	0.308 3	v8	0.163 2	v16	0.936 1
13	v30	0.030 7	v26	0.491 3	v14	0.305 9	v27	0.160 9	v26	0.874 4
14	v9	0.028 4	v18	0.500 0	v30	0.279 0	v18	0.149 4	v4	0.873 3
15	v26	0.028 1	v8	0.534 1	v18	0.256 0	v1	0.131 0	v29	0.843 7
16	v6	0.020 2	v30	0.548 9	v2	0.233 4	v6	0.131 0	v9	0.808 4
17	v24	0.019 4	v9	0.647 3	v28	0.228 5	v7	0.131 0	v14	0.795 5
18	v29	0.019 1	v6	0.657 8	v24	0.212 7	v20	0.119 5	v12	0.710 1
19	v2	0.014 8	v24	0.682 5	v6	0.203 2	v30	0.073 6	v17	0.709 9
20	v19	0.013 9	v7	0.702 5	v12	0.192 6	v29	0.713	v18	0.641 8

下面结合拓扑图进行分析各方法，通过分析图 3-4 与表 3-2 可知，节点 $v11$，$v22$，$v27$ 的连接度均为 7，但它们的重要程度不一样，$v23$ 的连接度虽然

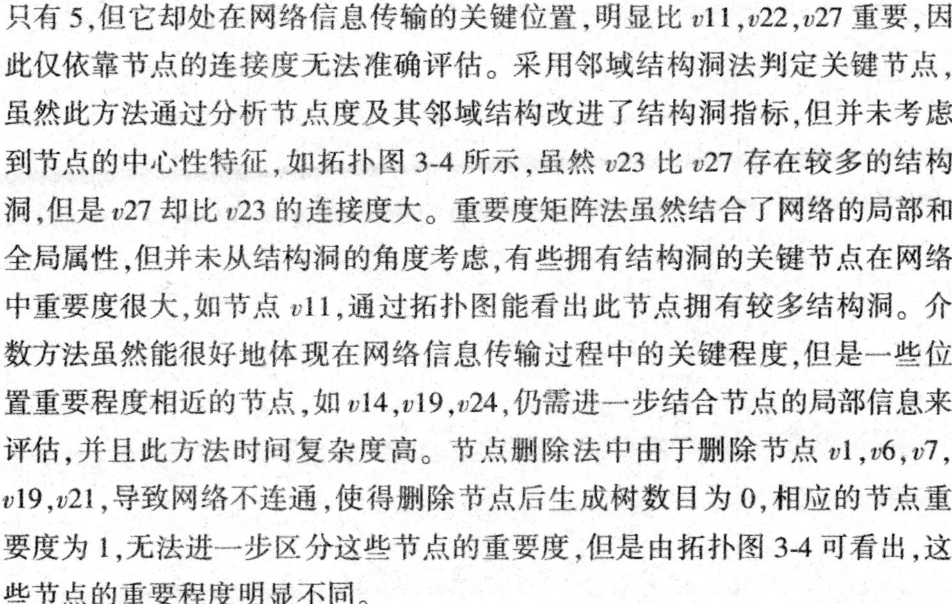

只有 5，但它却处在网络信息传输的关键位置，明显比 $v11$，$v22$，$v27$ 重要，因此仅依靠节点的连接度无法准确评估。采用邻域结构洞法判定关键节点，虽然此方法通过分析节点度及其邻域结构改进了结构洞指标，但并未考虑到节点的中心性特征，如拓扑图 3-4 所示，虽然 $v23$ 比 $v27$ 存在较多的结构洞，但是 $v27$ 却比 $v23$ 的连接度大。重要度矩阵法虽然结合了网络的局部和全局属性，但并未从结构洞的角度考虑，有些拥有结构洞的关键节点在网络中重要度很大，如节点 $v11$，通过拓扑图能看出此节点拥有较多结构洞。介数方法虽然能很好地体现在网络信息传输过程中的关键程度，但是一些位置重要程度相近的节点，如 $v14$，$v19$，$v24$，仍需进一步结合节点的局部信息来评估，并且此方法时间复杂度高。节点删除法中由于删除节点 $v1$，$v6$，$v7$，$v19$，$v21$，导致网络不连通，使得删除节点后生成树数目为 0，相应的节点重要度为 1，无法进一步区分这些节点的重要度，但是由拓扑图 3-4 可看出，这些节点的重要程度明显不同。

本章所提出的方法则克服了以上方法的不足之处，它综合节点中心性和结构洞两个角度，同时综合考虑节点的位置信息（全局重要性）和相邻节点的影响（局部重要性），通过此方法可提高评估节点重要度准确性，显著地区分关键节点。如表 3-2 所示，通过本方法判定出的前十个关键节点与其他方法判定出的关键节点大致相同，各方法节点重要度排序因为侧重点不同存在差异。如通过评估结果可看出节点 $v22$ 的重要度最大，依据拓扑图 3-4 可看出，节点 $v22$ 的连接度较大，则 K-核重要性较大，且拥有较多结构洞，同时与其相连的 $v23$，$v27$，$v28$ 均具有较大连接度，可体现出此节点处于网络传输信息的重要位置，属于重要的桥接节点。从表 3-2 还看出，本方法进一步区分了 $v14$，$v19$，$v24$ 和 $v1$，$v6$，$v7$，$v19$，$v21$ 节点的重要程度，克服了介数法和节点删除法的不足。通过对比，本章方法是有效的，能够更精确地发现网络中的关键节点，能进一步区分 WSNs 无标度容错拓扑中特殊节点间的重要程度。

实验二　在网络的蓄意攻击中进一步验证

为进一步验证本方法的准确性，模拟网络的蓄意攻击即有针对性地移除网络中重要的节点，可利用蓄意攻击前后网络最大连通分支节点数的变化，分析网络遭受攻击后对网络鲁棒性的影响。首先，统计在不同规模（节点总数从 50～1 000）的网络结构下，移除由这几种方法各自判断出的前 10%

的关键节点后，网络最大连通分支节点数占网络总节点数的比例，如图 3-5 所示。

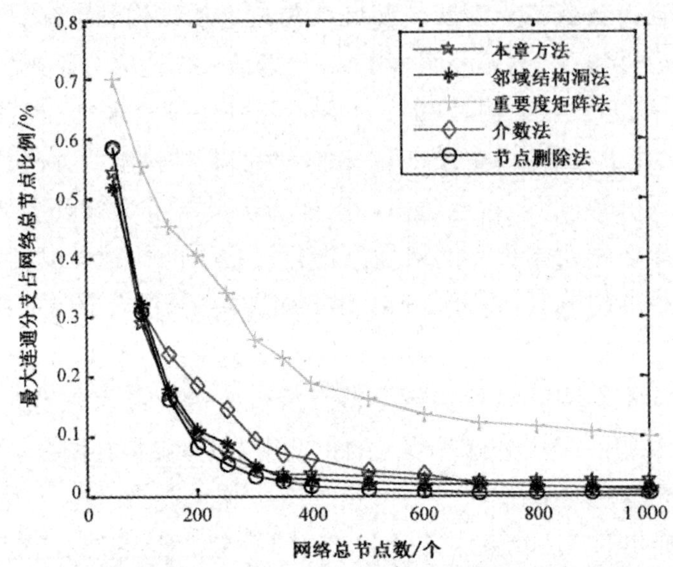

图 3-5　不同网络规模下移除前 10%关键节点后网络最大连通分支对比图

由图 3-5 可知，随着网络规模增大，移除网络的前 10%的关键节点对于网络连通性的影响程度也随之变大，这表明关键节点的有效评估不仅对小规模网络鲁棒性有重要影响，对大规模网络更为重要。并且，在不同网络规模下，移除本章方法所判断出的前 10%的关键节点，网络最大连通分支占网络总节点数的比例总是小于重要度矩阵法，说明此方法判断出的关键节点对于网络的鲁棒性影响更大。同时此方法与邻域结构洞法、介数法、节点删除法相比，对于网络的连通性影响程度较为接近。

为进一步区分几种方法判断出的关键节点对网络连通性的影响程度，分别讨论在小规模网络（100 个节点）和大规模网络（1 000 个节点）下，依次移除前 10%的关键节点后对于网络连通性的影响。图 3-6 给出了在 100 个节点的小规模网络中，依次移除各方法评估出的网络中前 10%的关键节点，网络的最大连通分支节点数的变化情况。

通过分析图 3-6 的变化趋势可知，与其他算法相比，本章方法的网络最大连通分支节点数下降速度最快，当前 6 个关键节点失效时，本章方法的最大连通分支节点数已经少于 50 个（原网络规模的 1/2），而其他算法中的最大连通分支节点数仍多于 50 个，因此，相对其他算法而言，若依据本章方法

判断出的关键节点对小规模网络实施蓄意攻击，网络结构将快速瓦解。从而表明本章方法对小规模无标度网络中节点的重要性能够进行有效评估。图 3-7 给出了在 1 000 个节点的大规模无标度网络中，依次移除各方法评估出的前 10%的关键节点，网络最大连通分支节点数的变化情况。

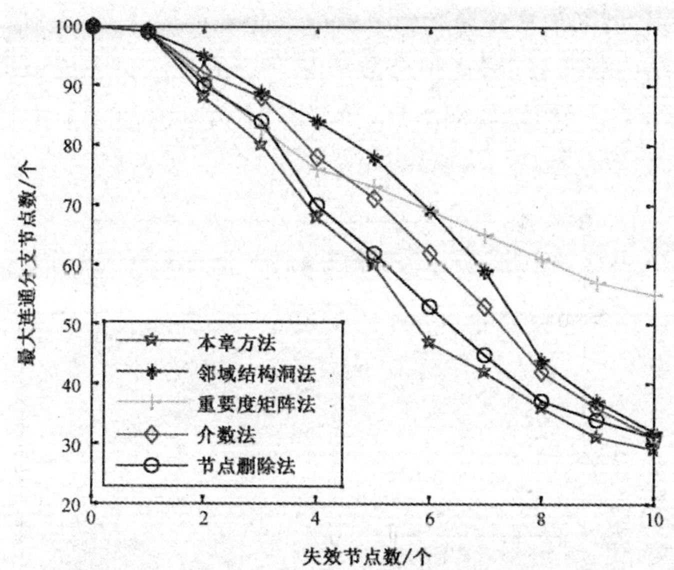

图 3-6　依次移除前 10%关键节点后网络最大连通分支变化情况($n=100$)

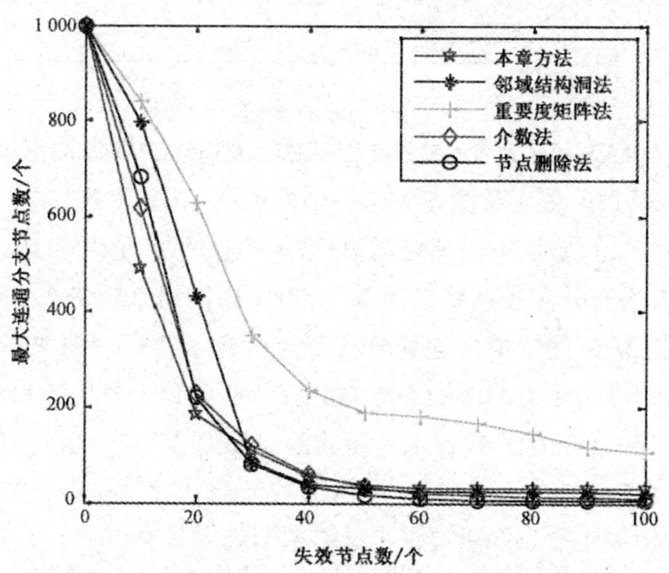

图 3-7　依次移除前 10%关键节点后网络最大连通分支变化情况($n=1\ 000$)

由图 3-7 可知,对于规模为 1 000 的无标度网络,甚至只需移除各方法判断出的前 4%(40 个)的关键节点就足以使整个网络崩溃,这进一步验证了对于大规模无标度网络而言,关键节点对于网络鲁棒性的影响更为明显。并且在前 4%的关键点移除过程中,与其他方法相比,依次移除本章方法得到的关键节点,网络最大连通分支节点数下降速度最快,明显优于重要度矩阵法和邻域结构洞法,且略优于介数法和节点删除法。为此下面进一步分析在 1 000 个节点的网络规模下,依次移除前 10 个关键节点后的网络最大连通分支变化情况,如图 3-8 所示。

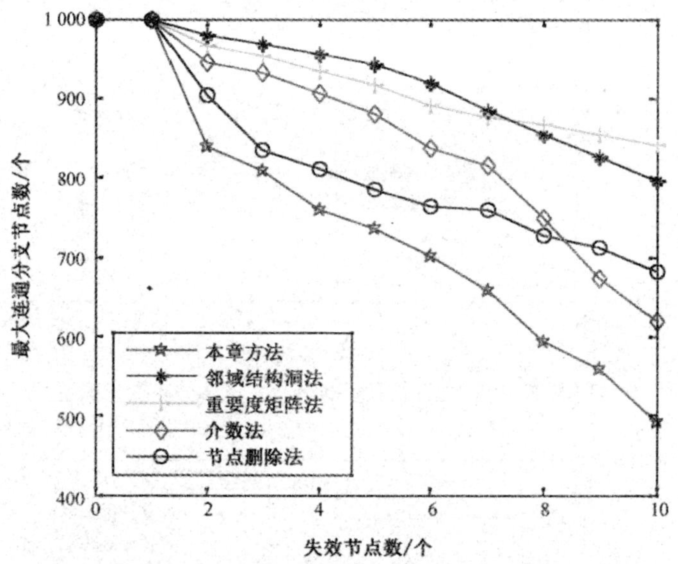

图 3-8　依次移除前 10 个关键节点后网络最大连通分支变化情况($n=1\ 000$)

由图 3-8 可知,依次移除各方法评估出的前 10 个关键节点,本章方法中最大连通分支节点数的下降速度明显优于其他方法,在移除 10 个关键节点后,网络最大连通分支节点数已经降至 500(原网络规模的 1/2)以下,介数法和节点删除法的网络最大连通分支节点数介于 600~700 之间,重要度矩阵法和邻域结构洞法的网络最大连通分支节点数介于 800~900 之间。因此与其他方法相比,若依据本章方法判断的关键节点对大规模网络展开蓄意攻击,只需攻击极少量关键节点,网络结构便会快速瓦解,从而表明本章方法对大规模网络中节点的重要性也能够进行有效评估。

综上所述,无论网络规模如何变化,相比于其他方法,本章方法判断出的关键节点对于网络的连通性影响更为明显。当然,依据此方法对网络中的关键节点进行针对性的保护，便能有效地抵御网络的蓄意攻击，增强网络的鲁棒性。因此，通过在网络蓄意攻击中的仿真过程，进一步验证了本章方法的有效性。

实验三　计算效率分析

基于 MATLAB 程序，分别用本章方法、邻域结构洞法、介数法、重要度矩阵法、节点删除法对不同规模的无标度网络进行节点重要度评估，统计出各方法运行的时间如图 3-9 所示，随着网络规模的扩大，本章方法的运行时间与邻域结构洞法的运行时间基本相同，且明显少于另外三种方法，评估 400 个节点的重要度时本章方法运行时间为重要度矩阵法的 16.5%，为介数法的 4.3%，为节点删除法的 3.1%。这说明本章提出的评估方法是有效的，同时计算效率较高，适用于大规模的网络。

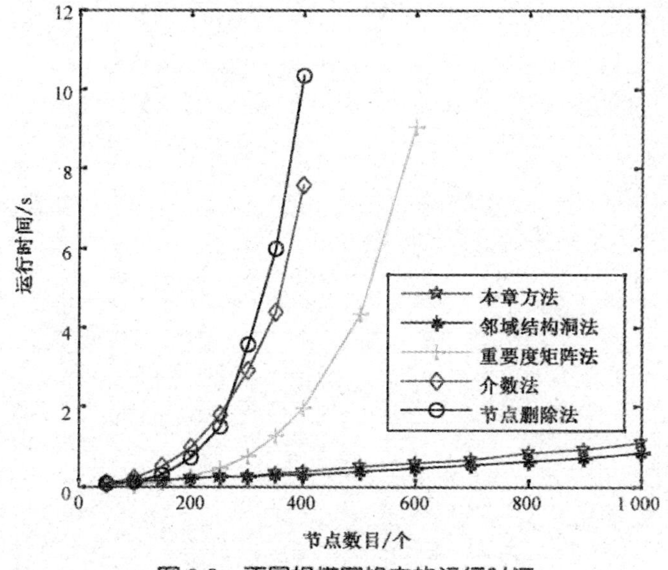

图 3-9　不同规模网络中的运行时间

3.5　本章小结

针对 WSNs 的节点重要度评估的问题，为了发现网络中同时具有结构洞特征和中心性特征的关键节点，提出了一种基于节点间重要度贡献关系来确定 WSNs 无标度容错拓扑中的关键节点的方法。由理论分析方法的效率可知，该方法的时间复杂度低，适用于大型网络的节点重要度评估。仿真实验分析表明,该方法能够找到网络中同时具有中心性和结构洞特征的关键节点,并且依据该方法得到的节点重要度排序对网络进行蓄意攻击,可以使网络结构快速瓦解,尤其是大型网络,仅攻击少量关键节点即可损毁整个网络。因此,利用该方法识别出的关键节点也可有效地帮助我们设计网络的防护策略,提高网络的抗毁性。

第4章 无线传感器网络容错拓扑级联失效优化研究

本章针对无线传感器网络无标度容错拓扑的级联失效问题展开研究，旨在揭示无标度容错拓扑的"承载极限"——临界负载值。首先，通过理论建模，描述单一随机节点失效引发网络级联失效的动态过程，建立单一随机节点失效下的网络级联失效模型。以此为基础，分析网络无标度容错拓扑上的负载量对其级联失效容错性的影响规律，得到了单一随机节点失效引发无线传感器网络无标度容错拓扑大规模级联失效的临界负载。最后，通过拓扑实例验证了解析临界负载结果的正确性。

4.1 概述

级联失效考虑的是节点失效的连锁反应，在节点容量有限的情况下，一个节点的失效会导致网络负载的重分布，负载的重分布可能使得网络中其他节点上的负载超过其容量而发生失效，通过这种节点间的级联效应，一个节点的失效最终会导致一部分甚至整个网络的失效。一旦网络发生大规模的级联失效，往往具有很强的破坏力和影响力。

复杂网络级联失效的研究始于 Motter 和 Lai 的研究工作，他们给出了一个关于复杂网络级联失效的简单模型——负载-容量模型。负载-容量模型赋予了网络中每个节点一定的负载和容量，其中，节点的负载定义为通过该节点的最短路径数，节点的容量正比于其负载。当网络中某个节点的负载超过其容量而失效时，该节点移出网络，导致网络最短路径数的分布发生变化，进而每个节点的负载也相应发生改变，若负载改变后的节点，其负载超过了容量，则引发新一轮的负载重分布。这个过程反复进行，产生级联失效。基于此，Motter 和 Lai 进一步观察了单一节点失效下均匀拓扑（该拓扑中各节点具有相同的节点度 $k=3$)和无标度容错拓扑(该拓扑的度分布服从指数为 3 的幂律分布)上的级联失效对网络最大连通分支规模 G 的破坏程度(见图 4-1,图中的大图为均匀拓扑的级联失效结果图,小图为无标度容错拓扑的级联失效结果图,α 为容量参数,α 越大,容量越大)。

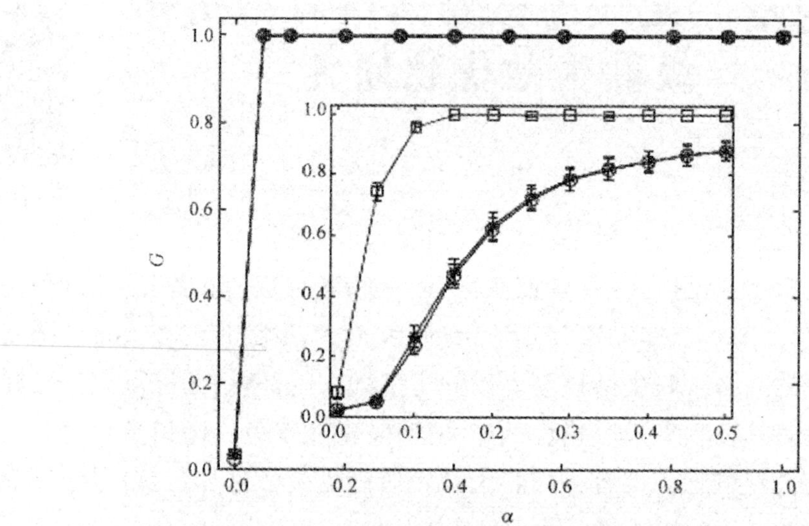

图 4-1　均匀拓扑和无标度容错拓扑上的级联失效对网络连通性的破坏程度

从图 4-1 可以看到,随着容量的变化,对于均匀拓扑而言,无论是单一随机失效节点(方框)、最大度失效节点(星号),还是最大负载失效节点(圆圈),所引发的网络级联失效,对网络最大连通分支规模的破坏程度都是相同的,且均小于对无标度容错拓扑的危害。这使得人们开始关注于无标度容错拓扑的级联失效问题。

然而,现有无标度容错拓扑级联失效问题的研究主要侧重于建立网络级联失效模型、解释级联失效产生的原因,以及设计避免网络拓扑级联失效的有效方法。相比传统复杂网络,WSNs 受到能源、处理模块、通信模块、存储模块等资源的限制,以及部署环境的制约,WSNs 中各节点的容量是固定的,而已有的无标度容错拓扑级联失效避免方法却忽略了这一特点。如果直接将现有无标度容错拓扑级联失效避免方法应用于 WSNs,无法达到 WSNs 无标度容错拓扑级联失效优化的预期效果。这就需要进一步从 WSNs 无标度容错拓扑特点出发,建立适合于 WSNs 无标度容错拓扑的级联失效模型,研究 WSNs 无标度容错拓扑级联失效优化问题。

本章根据 WSNs 无标度容错拓扑中幂函数分布负载和固定容量特点,

首先提出单一随机节点失效下的 WSNs 级联失效模型，再采用概率母函数法，解析研究 WSNs 无标度容错拓扑中节点负载变化对网络级联失效行为的影响，揭示了 WSNs 无标度容错拓扑上的负载量对网络级联失效容错性的影响规律，得到因单一随机节点失效引发 WSNs 无标度容错拓扑大规模级联失效的临界负载值，为有效解决 WSNs 无标度容错拓扑的级联失效问题提供理论依据。

4.2　级联失效过程建模

本节首先分析 WSNs 级联失效过程，在此基础上建立单一随机节点失效下的 WSNs 级联失效模型，为后续解析研究单一随机节点失效下的 WSNs 无标度容错拓扑临界负载(当网络负载超过其临界负载时，一个随机节点失效将引起整个网络大规模的级联失效)提供基础。

4.2.1　级联失效过程分析

采用 Crossbow 公司开发的 IRIS 传感器节点进行实验测试，以观察 WSNs 的级联失效现象。下面对相应的 IRIS 实验平台和实验分析结果分别给予说明。

整个 IRIS 实验平台由硬件和软件两部分组成，包括 6 个 IRIS 节点(采用 RF 230 无线模块)、1 个 MIB 520 网关和 1 台台式电脑。软件有：用于 IRIS 节点程序开发的 TinyOS 嵌入式系统；用于 IRIS 节点程序下载，以及远程程序维护的 MoteConfig 2.0；用于分析网络采集数据、显示网络拓扑结构的 MoteView 2.0。IRIS 实验平台如图 4-2 所示。

实验在空旷的场地上进行，在场地上放置 6 个 IRIS 节点(标记其 ID 分别为 0,1,2,3,4,5)，其中，ID = 0 的节点和 MIB 520 网关相连，设为基站，负责接收其他 5 个节点的信息量并通过串口将其接收的信息量传至电脑，而其余 5 个节点则组成如图 4-3(a)所示的网络拓扑。以 1 min 为周期统计各节点的父节点和转发子节点的信息量，在实验进行至 $t = 24$ min 时，关闭 ID = 1 的节点(模拟节点失效行为)，整个实验持续时间为 35 min，统计结果如图 4-4 所示。

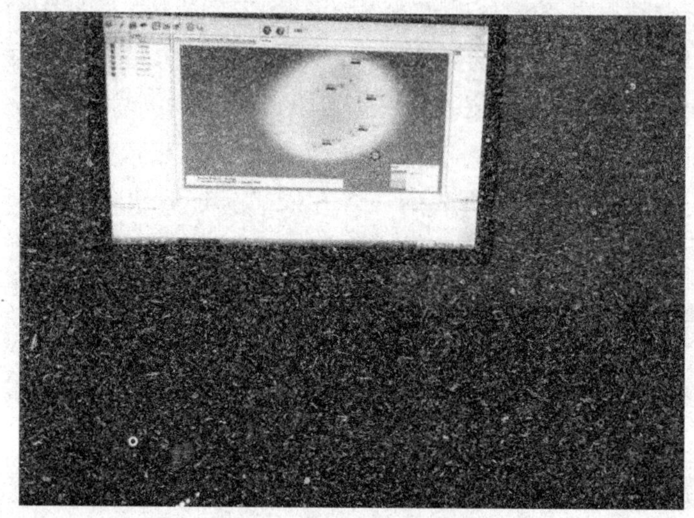

图 4-2　IRIS 实验平台图

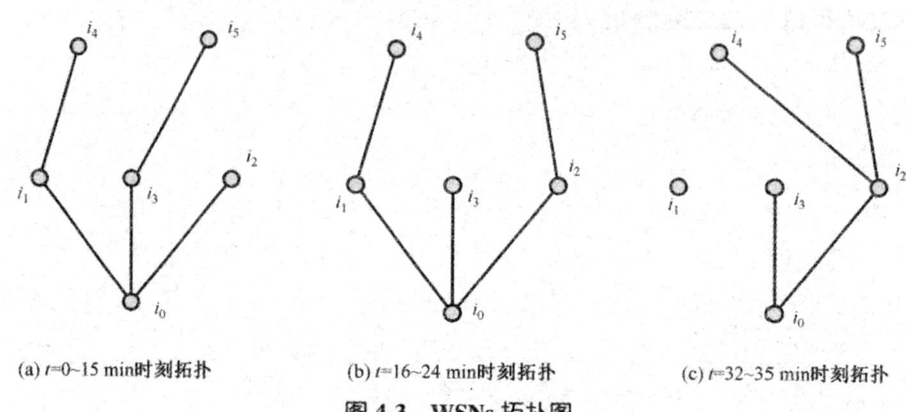

(a) t=0~15 min时刻拓扑　　(b) t=16~24 min时刻拓扑　　(c) t=32~35 min时刻拓扑

图 4-3　WSNs 拓扑图

根据图 4-4(a)可知,网络运行初期(0~15 min),ID=4 的节点,其信息量通过 ID=1 的父节点进行转发至基站,ID=5 的节点,其信息量通过 ID=3 的父节点转发至基站,故 ID=1 和 ID=3 的节点既需要发送自身采集的信息量,也需要转发来自其子节点的信息量,因此,从图 4-4(b)可见,在 t=0~15 min 的网络运行阶段,ID=1 和 ID=3 的节点信息量负载呈线性增长(该阶段的网络拓扑见图 4-3(a))。在 t=16 min 时,ID=5 的节点,其父节点发生了改变,如图 4-4(a)所示,ID=2 的节点成为了 ID=5 的节点的新的父节点,相应节点上的转发信息量负载也发生了改变,在 t=16~24 min 的网络运行阶段,ID=2 的节点转发信息量负载呈增长趋势,而 ID=3 的节点转发信息量负载基本不变,这主要是因为,ID=3 的节点,由于其转发信息量负载过大而不再能够继续承担转发信息量的功能,发生失效(该阶段的网络拓扑见图4-3(b))。在$t=24$ min时,关闭ID=1的节点(模拟能量耗尽、环境损毁等失效行为),待网络稳定后(32~35 min),ID=2的节点成为了ID=4节点的新的父节点,ID=2的节点转发信息量负载继续呈增长趋势(该阶段的网络拓扑见图4-3(c))。

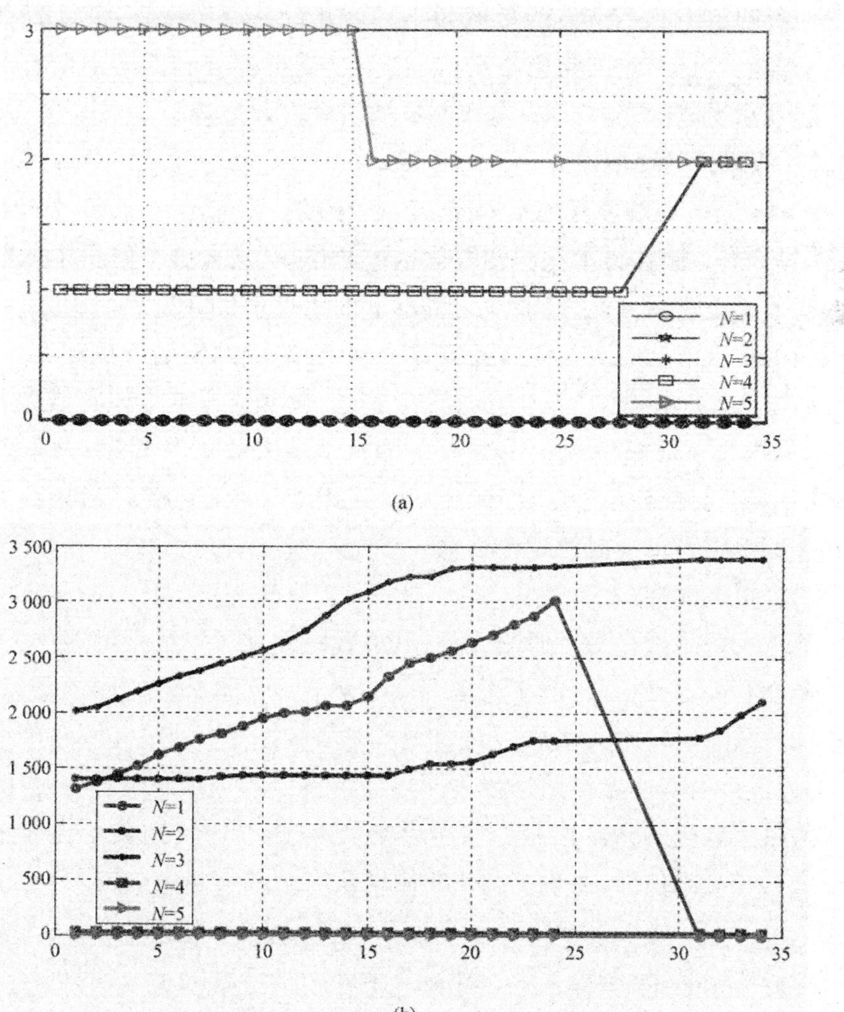

图4-4 WSNs中各节点的父节点ID和转发子节点信息量

从上述实验结果,得出以下几个规律:①节点由于负载过大会失去继续承担转发信息量的功能,发生失效,即ID=3的节点由于转发信息量负载过大而无法继续承担转发ID=4的节点的信息量,出现失效;②当节点失效时,网络信息量负载会重新分配,即ID=3和ID=1的节点失效,ID=4和ID=5

的节点信息量负载重新分配至 ID=2 的节点上。

可见,WSNs 上的负载是动态变化的,并且节点承受的负载能力(即容量)是有限的,当网络中某个节点失效时,原来通过该节点转发的信息量将会重新选择新的转发节点来传输,即网络上的负载将重新分配,负载的重新分配使得网络中某些节点的负载超出其容量的承受范围而失效,这些失效节点又会引发新一轮的负载重分配,这个过程重复直到网络中所有节点都处在容量承受范围之内,这就是 WSNs 的级联失效过程。

4.2.2 级联失效模型建立

WSNs 级联失效过程的本质是 WSNs 中的一些节点由于负载过大而失效,这些节点不能够再承担起转发信息量的作用,这样整个网络中的信息量将会在节点上重新分配,造成新的节点上的信息量负载过大而失效。从而,节点的失效就会从一个节点传播至整个网络,造成网络的严重破坏。那么,本节通过研究 WSNs 中节点的负载、容量、负载重分配策略和容错性测度等 WSNs 的级联失效影响因素,提出单一随机节点失效下的 WSNs 级联失效模型,为后续解析推导单一随机节点失效引发 WSNs 无标度容错拓扑大规模级联失效的临界负载提供理论基础。

(1) 负载模型

节点负载是指在某一时刻,节点上承载的信息量。复杂网络中,关于节点负载的有关定义:一是定义网络中每一个节点都承载着相同的信息量,具有相同负载。这种定义显然不符合现实的 WSNs。二是定义网络中节点负载,为通过该节点的最短路径条数,即节点负载等于节点介数。节点介数反映了网络信息量的分流作用[113],符合现实 WSNs 的特性,但是由于节点介数需要已知全网信息,而现实 WSNs 很难获取全局信息,这使得该定义不太实用。三是网络中节点负载被定义为节点度的函数。这种定义优于第一种相同负载的定义,也避免了第二种需要全局网络信息的定义,故被研究者们广泛采用。因此,这里也根据节点负载与其节点度的相关性,采用节点度的幂函数来表示 WSNs 中各节点的负载:

$$L_i = k_i^{\alpha} \tag{4-1}$$

式中:

L_i ——网络中节点 v_i 的负载;

k_i ——节点 v_i 的节点度;

α ——负载参数,控制着节点负载的强度,α 取值越大,不同节点度之间的负载差异性就越大,节点负载的分布就越不均匀。

(2) 容量模型

容量反映的是网络中节点可承受的最大负载量。复杂网络中,关于节点容量的定义:一是依据某种统计分布的形式进行定义。该定义显然不符合现实 WSNs。二是节点容量被定义为与节点负载呈线性关系。三是定义为与节点负载呈非线性关系。第二种定义和第三种定义,是随着复杂网络应急管理的需要而产生的,对确定节点级联失效后网络达到最佳容错能力时所需增加的安全容量有着重要意义。但是,由于传感器节点体积较小,节点的电源受限,传感器节点的处理单元采用微型处理器,处理能力有限,并且传感器节点采用容量较小的存储单元,存储少量的采集数据。为此,传感器节点的容量处于最大使用状况,再加上传感器节点通常部署在人们无法到达的危险环境中,无法进行容量扩展,那么,在真实的 WSNs 中,各节点的容量是固定的,可用某一常数来表示:

$$c_i = c_0 \tag{4-2}$$

式中:

c_i——网络中节点 v_i 的容量,是一常数。

(3) 负载重分配策略模型

基于上述 WSNs 中节点的负载模型 L_i 和容量模型 c_i,下面来研究 WSNs 的负载重分配策略。目前,复杂网络中,研究节点失效后负载重分配的策略,一是依据最短路径的路由策略。该策略由于需要已知全局的网络信息,因而不太实用。二是按照失效节点负载局域择优原则进行重新分配。这种策略依据邻居节点负载比例对失效节点的负载进行分配,使得负载大的邻节点收到的额外负载更多,虽然避免了网络全局信息的获取,具有实用性,但是没有考虑 WSNs 中节点容量固定的特点。三是根据邻居节点数目对失效节点的负载进行平均分配。这种策略同样避免了网络全局信息的获取,同时又考虑了 WSNs 中节点容量固定的特点,因而更具有实用性。基于此,这里定义了如下的 WSNs 负载重分配策略。

WSNs 中,当某个节点 v_i 失效时,该节点失去了原本的传输功能,这样会导致原本通过它转发的负载量 L_i 需要重新路由,从而造成失效节点的邻节点 v_j 的负载发生变化:

$$L_j(new)=L_j+\frac{L_i}{k_i} \tag{4-3}$$

式中：

$L_j(new)$——邻节点 v_j 的新负载。

可见，失效节点 v_i 将其负载平均分配给了与之相连的邻节点。当邻节点 v_j 的负载超过其容量 c_0，即 $L_j(new)>c_0$ 时，就会发生失效，引发新一轮的负载重分配。通过不断地负载重分配，单一节点失效会波及整个网络。图4-5显示了 WSNs 的负载重分配过程。

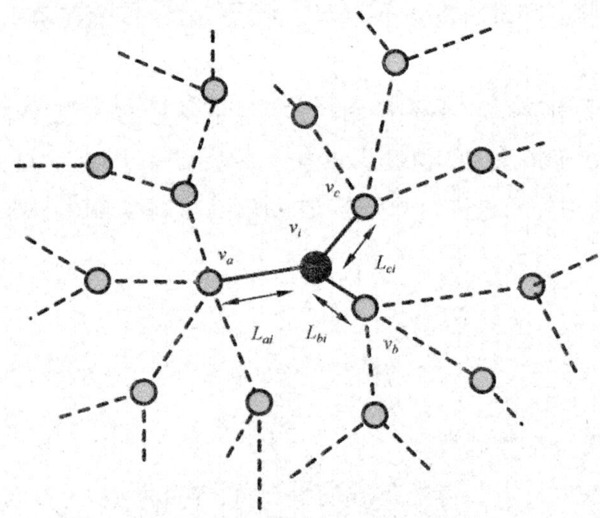

图 4-5　WSNs 负载重分配示意图

由图 4-5 可知，当节点 v_i 失效时，经过节点 v_i 转发的负载量 L_{ai}，L_{bi}，L_{ci}（分别来自邻节点 v_a，v_b，v_c）将返回相应的邻节点 v_a，v_b，v_c 重新路由，故邻节点 v_a，v_b，v_c 的负载将发生改变，分别变为

$$\begin{cases} L_a(new)=L_a+L_{ai}=L_a+L_{ia}=k_a^{\alpha}+\dfrac{k_i^{\alpha}}{k_i} \\ L_b(new)=L_b+L_{bi}=L_b+L_{ib}=k_b^{\alpha}+\dfrac{k_i^{\alpha}}{k_i} \\ L_c(new)=L_c+L_{ci}=L_c+L_{ic}=k_c^{\alpha}+\dfrac{k_i^{\alpha}}{k_i} \end{cases} \tag{4-4}$$

这样失效节点 v_i 将其负载 k_i^{α} 平均转移给了与之相邻的正常节点 v_a，v_b，v_c，实现了负载的重分配。如果邻节点 v_a，v_b，v_c 中某些节点因为这些转移来

的负载使得节点总负载超过节点容量，存在 $L_j(new)>c_0$，$j=a,b,c$，则产生新的节点失效，一旦其中某个节点出现失效，又会将所有的负载分配到与之相邻的正常节点。该过程一直重复直至网络中剩余节点的负载均未超过其容量。

（4）容错性测度

在网络负载重分配过程终止以后，沿用网络的最大连通分支规模 S 来衡量该网络级联失效的容错性：

$$S=\frac{N'}{N} \tag{4-5}$$

式中：

N ——初始时刻网络的总节点数；

N' ——负载重分配终止以后，网络最大连通分支中的节点数目。

级联失效后，网络最大连通分支规模 S 越小，$S\to 0$，则网络级联失效的容错性就越差，表明网络连通、覆盖等监测质量的破坏程度越大；反之，级联失效后，网络最大连通分支规模 S 越大，$S\to 1$，则网络级联失效的容错性就越好，表明网络连通、覆盖等监测质量的破坏程度越小。

（5）级联失效模型

根据上述分析的 WSNs 级联失效影响因素，负载、容量、负载重分配策略和容错性测度，这里给出单一随机节点失效下的 WSNs 级联失效模型。

单一随机节点失效下的 WSNs 级联失效模型，包含如下 4 个部分：

① WSNs 中，节点 $v_i(i=1,2,\cdots,N)$ 的负载为 $L_i=k_i^{\alpha}$，容量为 $c_i=c_0$。

② 网络初始时刻，出现 1 个随机节点 v_j 失效。

③ 如果节点 v_j 失效，则将其负载均匀分配给与其相连的邻节点，邻节点 $v_{j'}$ 的负载变为 $L_{j'}(new)=L_{j'}+\frac{L_j}{k_j}$。

④ 计算所有节点 $v_i(i=1,2,\cdots,N)$ 的负载 L_i，如果满足 $L_i\leqslant c_0$，则级联失效过程终止，否则转至③。

由上述单一随机节点失效下的 WSNs 级联失效模型（①～④部分）可知，在 WSNs 中，给定节点的容量 c_0，当负载参数 α 较小时，由于节点需要处理相对较小的负载变化，网络无大规模级联失效现象发生，即级联失效后网络最大连通分支规模 S 较大，网络级联失效容错性好。但当负载参数 α 较大时，由于负载变化较大，一个随机失效节点易引发网络的大规模级联失效，即相应的级联失效后网络最大连通分支规模 S 较小，网络级联失效容错性差。因此，当级联失效后的网络最大连通分支规模 S 降至最低的网络应用需求 S_{th}，此时，负载临界值 $\tilde{\alpha}$ 是单一随机节点失效引发 WSNs 大规模级联失效的最小临界值。下面对单一随机节点失效下 WSNs 无标度容错拓扑大规模级联失效的临界负载值 $\tilde{\alpha}$ 进行研究。

4.3 无标度容错拓扑的级联失效参数优化

由于负载参数 α 的取值决定了 WSNs 级联失效的容错性。那么，为了分析负载参数 α 的变化对 WSNs 无标度容错拓扑级联失效容错性的影响规律，本节利用概率母函数法，推导单一随机节点失效下 WSNs 无标度容错拓扑级联失效后的网络最大连通分支规模的表达式，进而根据满足最低应用需求的网络最大连通分支规模阈值 S_{th}，求解出单一随机节点失效引发 WSNs 无标度容错拓扑大规模级联失效的临界负载参数 $\tilde{\alpha}$。

4.3.1 无标度容错拓扑级联失效规模的确定

根据 WSNs 无标度容错拓扑的度分布 $p(k)=ck^{-\lambda}(c>0,\lambda>0)$，可得其概率母函数为

$$g_0(x)=\sum_{k=k_{\min}}^{k_{\max}}p(k)x^k \tag{4-6}$$

式中：

$k_{\min}$，$k_{\max}$——网络中节点的最小度和最大度。

考虑到随机选择一条边连接到度为 k 的节点，并且该节点失效的概率为 $q'(k)$。那么，沿着随机选择一条边连接到剩余度为 k 的节点，并且该节点失效的概率的概率母函数可表示为

$$g_1(x)=\sum_{k=k_{\min}-1}^{k_{\max}-1}q'(k)x^k=\frac{\sum_{k=k_{\min}}^{k_{\max}}q'(k)x^k}{x} \tag{4-7}$$

由于在 WSNs 无标度容错拓扑中各节点的负载均存在差异，为此，失效节点对邻节点失效的影响程度也不尽相同。那么，式(4-7)中随机选择一条边连接到度为 k 的节点，则该节点失效的概率为

$$q'(k)=\sum_{i=k_{\min}}^{k_{\max}} e_{ik}=\sum_{i=k_{\min}}^{k_{\max}} p_1(i)p_2(k)p_3(ik) \tag{4-8}$$

式中：

$p_1(i)$ ——随机选择一个度为 i 的节点的概率；

$p_2(k)$ ——随机选择一条边连接到度为 k 的节点的概率；

$p_3(ik)$——度为 i 的节点导致度为 k 的节点失效的概率。

由度为 i 的节点，其负载 $L_i=i^\alpha$ 可知，该节点使其度为 k 的连接节点失效的概率为

$$p_3(ik)=\frac{\frac{i^\alpha}{i}}{c_0-k^\alpha},\alpha<\frac{\ln\frac{c_0}{1+k_{\max}^{-1}}}{\ln k_{\max}} \tag{4-9}$$

则将式(4-9)代入式(4-8)，并结合随机选择一个度为 i 的节点概率 $p_1(i)=p(i)$，以及沿着随机选择一条边的任意方向，到达度为 k 的节点概率 $p_2(k)=\frac{kp(k)}{\sum_{k=k_{\min}}^{k_{\max}} kp(k)}$，$q'(k)$可写成式(4-10)的形式：

$$q'(k)=\sum_{i=k_{\min}}^{k_{\max}} ci^{-\lambda}\frac{kck^{-\lambda}}{\sum_{k=k_{\min}}^{k_{\max}} kck^{-\lambda}}\frac{\frac{i^\alpha}{i}}{c_0-k^\alpha}$$
$$=\sum_{i=k_{\min}}^{k_{\max}}\frac{c(2-\lambda)i^{\alpha-\lambda-1}k^{1-\lambda}}{(k_{\max}^{2-\lambda}-k_{\min}^{2-\lambda})(c_0-k^\alpha)},\alpha<\frac{\ln\frac{c_0}{1+k_{\max}^{-1}}}{\ln k_{\max}} \tag{4-10}$$

假设由随机选择一条边产生级联失效后，剩余网络规模不包括最大连通分支，则由随机选择一条边产生级联失效后网络规模的概率母函数为

$$h_1(x)=xg_1(h_1(x)) \tag{4-11}$$

故由一个随机失效节点产生级联失效后网络规模（不包含最大连通分支）的概率母函数为

$$h_0(x)=xg_0(h_1(x)) \tag{4-12}$$

从而，一个随机失效节点产生网络级联失效后网络中最大连通分支规模 S 为

$$S=1-h_0(1) \tag{4-13}$$

将式(4-10)代入式(4-7),令 $x=h_1(1)$ 可以得到

$$g_1(h_1(1))=\sum_{k=k_{\min}}^{k_{\max}} q'(k)[h_1(1)]^{k-1}$$

$$=\sum_{k=k_{\min}}^{k_{\max}}\sum_{i=k_{\min}}^{k_{\max}} \frac{c(2-\lambda)i^{\alpha-\lambda-1}k^{1-\lambda}}{(k_{\max}^{2-\lambda}-k_{\min}^{2-\lambda})(c_0-k^{\alpha})}[h_1(1)]^{k-1},\alpha<\frac{\ln\dfrac{c_0}{1+k_{\max}^{-1}}}{\ln k_{\max}} \tag{4-14}$$

又由式(4-11)可知

$$h_1(1)=g_1(h_1(1))$$

$$=\sum_{k=k_{\min}}^{k_{\max}}\sum_{i=k_{\min}}^{k_{\max}} \frac{c(2-\lambda)i^{\alpha-\lambda-1}k^{1-\lambda}}{(k_{\max}^{2-\lambda}-k_{\min}^{2-\lambda})(c_0-k^{\alpha})}[h_1(1)]^{k-1},\alpha<\frac{\ln\dfrac{c_0}{1+k_{\max}^{-1}}}{\ln k_{\max}} \tag{4-15}$$

解上式得 $h_1(1)=u$,将其代入式(4-12)有

$$h_0(1)=g_0(u) \tag{4-16}$$

再结合式(4-6)可得

$$h_0(1)=\sum_{k=k_{\min}}^{k_{\max}} p(k)[u]^k \tag{4-17}$$

最终,将式(4-17)代入式(4-13)得到,单一随机节点失效下,WSNs 无标度容错拓扑级联失效后网络最大连通分支规模 S 的表达式为

$$S=1-\sum_{k=k_{\min}}^{k_{\max}} p(k)[u]^k \tag{4-18}$$

其中,u 为方程

$$u=\sum_{k=k_{\min}}^{k_{\max}}\sum_{i=k_{\min}}^{k_{\max}} \frac{c(2-\lambda)i^{\alpha-\lambda-1}k^{1-\lambda}}{(k_{\max}^{2-\lambda}-k_{\min}^{2-\lambda})(c_0-k^{\alpha})}[u]^{k-1},\alpha<\frac{\ln\dfrac{c_0}{1+k_{\max}^{-1}}}{\ln k_{\max}} \tag{4-19}$$

的最小非负实数解。

综上,式(4-18)和式(4-19)给出了在单一随机节点失效下,WSNs 无标度容错拓扑级联失效后的最大连通分支规模 S 的量化形式。在 WSNs 无标度容错拓扑的度分布 $p(k)=ck^{-\lambda}$(系数 c,幂指数 λ,节点最小度 $k_{\min}=k_{\max}(N+1)^{\frac{1}{1-\lambda}}$ 和最大度 $k_{\max}=\left(\dfrac{\lambda-1}{cN}\right)^{\frac{1}{1-\lambda}}$)和节点容量 c_0 已知的情况下,单一随机节点

失效下 WSNs 无标度容错拓扑级联失效后网络最大连通分支规模 S 仅是负载参数 α 的函数，且由式(4-19)可见，α 越大，u 越大，进而由式(4-18)可得，u 越大，S 越小。即单一随机节点失效下 WSNs 无标度容错拓扑级联失效后的网络最大连通分支规模 S 与负载参数 α 成反比(实验一)。

4.3.2　级联失效临界负载的解析研究

式(4-18)和式(4-19)给出了单一随机节点失效下 WSNs 无标度容错拓扑级联失效后的网络最大连通分支规模 S 的量化形式。鉴于网络连通及覆盖服务质量与网络最大连通分支规模直接关联，那么，可以设定不同的网络最大连通分支规模阈值 S_{th} 来满足不同应用下的网络服务需求。若在单一随机节点失效下，WSNs 无标度容错拓扑级联失效后的网络最大连通分支规模存在 $S<S_{th}$，则说明该 WSNs 无标度容错拓扑，在单一随机节点失效下出现了大规模级联失效，以至无法继续提供满足最低应用需求的网络连通及覆盖服务。

为此，在给定满足最低应用需求的网络最大连通分支大小阈值 S_{th} 后，由式(4-18)和式(4-19)可求解出引发 WSNs 无标度容错拓扑大规模级联失效的临界负载参数 $\tilde{\alpha}$。

定理 4.1　在 WSNs 中，如果负载参数值 $\alpha=\tilde{\alpha}$ 满足式(4-20)的条件要求，则单一随机节点失效会引发 WSNs 无标度容错拓扑发生大规模的级联失效。

$$\begin{cases} S_{th} = 1 - \sum\limits_{k=k_{\min}}^{k_{\max}} p(k)[\tilde{u}]^k \\ \tilde{u} = \sum\limits_{k=k_{\min}}^{k_{\max}} \sum\limits_{i=k_{\min}}^{k_{\max}} \dfrac{c(2-\lambda) i^{\tilde{\alpha}-\lambda-1} k^{1-\lambda}}{(k_{\max}^{2-\lambda} - k_{\min}^{2-\lambda})(c_0 - k^{\tilde{\alpha}})} [\tilde{u}]^{k-1} \end{cases}, \tilde{\alpha} < \frac{\ln \dfrac{c_0}{1+k_{\max}^{-1}}}{\ln k_{\max}} \tag{4-20}$$

证明　由式(4-20)可见，根据 $0<S_{th}<1$，$p(k)=ck^{-\lambda}(c>0,\lambda>0)$ 可知，式(4-20)中等式 $S_{th} = 1 - \sum\limits_{k=k_{\min}}^{k_{\max}} p(k)[\tilde{u}]^k$ 的解 $\tilde{u}>0$，又由函数 $\dfrac{c(2-\lambda) i^{\tilde{\alpha}-\lambda-1} k^{1-\lambda}}{(k_{\max}^{2-\lambda} - k_{\min}^{2-\lambda})(c_0 - k^{\tilde{\alpha}})} \cdot [\tilde{u}]^{k-1}$ 在 $\tilde{\alpha} \in \left(-\infty, \dfrac{\ln \dfrac{c_0}{1+k_{\max}^{-1}}}{\ln k_{\max}}\right)$ 内单调递增，且 $\tilde{\alpha} \to -\infty$，函数 $\dfrac{c(2-\lambda) i^{\tilde{\alpha}-\lambda-1} k^{1-\lambda}}{(k_{\max}^{2-\lambda} - k_{\min}^{2-\lambda})(c_0 - k^{\tilde{\alpha}})} [\tilde{u}]^{k-1} \to 0$ 可得，式(4-20)中等式 $\tilde{u} = \sum\limits_{k=k_{\min}}^{k_{\max}} \sum\limits_{i=k_{\min}}^{k_{\max}}$

$\frac{c(2-\lambda)i^{\tilde{\alpha}-\lambda-1}k^{1-\lambda}}{(k_{max}^{2-\lambda}-k_{min}^{2-\lambda})(c_0-k^{\tilde{\alpha}})}[\tilde{u}]^{k-1}$ 在 $\tilde{\alpha}\in\left(-\infty,\frac{\ln\frac{c_0}{1+k_{max}^{-1}}}{\ln k_{max}}\right)$ 存在唯一的解 $\tilde{\alpha}$，且 $\tilde{\alpha}$ 的值随着 c_0 的增大而增大。当 $\tilde{\alpha}\to\frac{\ln\frac{c_0}{1+k_{max}^{-1}}}{\ln k_{max}}$ 达到最大时，如果 c_0 继续增大，则等式 $\tilde{u}=\sum_{k=k_{min}}^{k_{max}}\sum_{i=k_{min}}^{k_{max}}\frac{c(2-\lambda)i^{\tilde{\alpha}-\lambda-1}k^{1-\lambda}}{(k_{max}^{2-\lambda}-k_{min}^{2-\lambda})(c_0-k^{\tilde{\alpha}})}[\tilde{u}]^{k-1}$ 在 $\tilde{\alpha}\in\left(-\infty,\frac{\ln\frac{c_0}{1+k_{max}^{-1}}}{\ln k_{max}}\right)$ 内不存在解。这意味着，当网络中各节点的容量 c_0 足够大，则不存在临界负载 $\tilde{\alpha}$，即网络不会出现因单一随机节点失效引发的大规模级联失效 $S<S_{th}$。但当 c_0 较小时，当网络中各节点负载 $k_i^{\alpha}, i=1,2,\cdots,N$ 超过其临界值 $k_i^{\tilde{\alpha}}, i=1,2,\cdots,N$，网络就会出现因单一随机节点失效引发的大规模级联失效 $S<S_{th}$，此时网络无法继续提供满足应用需求的网络连通及覆盖服务。也就是说，负载参数值 $\alpha=\tilde{\alpha}$ 是单一随机节点失效引发 WSNs 无标度容错拓扑大规模级联失效 $S=S_{th}$ 的临界条件。

至此，获得了因单一随机节点失效引发 WSNs 无标度容错拓扑大规模级联失效(此时网络无法继续提供满足最低应用需求的连通及覆盖服务 S_{th})的临界负载参数值 $\tilde{\alpha}$(实验二)。

那么，根据 WSNs 无标度容错拓扑上各节点的容量 c_0，进而通过控制其负载量 $k_i^{\alpha}(i=1,2,\cdots,N)$ 小于其临界值 $k_i^{\tilde{\alpha}}(i=1,2,\cdots,N)$，就可以达到避免 WSNs 无标度容错拓扑出现因单一随机节点失效而引发的大规模级联失效，从而能够从根本上解决 WSNs 无标度容错拓扑的级联失效问题。

4.4 仿真实验与性能评价

下面通过 WSNs 无标度容错拓扑实例，来说明解析临界负载值 $\tilde{\alpha}$ 的合理性。

实验一　负载参数 α 越大，级联失效后 WSNs 无标度容错拓扑的最大连通分支规模 S 越小

给定节点数 $N=100$，度分布 $p(k)=1.94k^{-2.92}$($c=1.94, \lambda=2.92, k_{max}=$

$\left(\frac{\lambda-1}{cN}\right)^{\frac{1}{1-\lambda}}=11$，$k_{\min}=k_{\max}(N+1)^{\frac{1}{1-\lambda}}=1$)，节点容量 c_0 分别为 15，17.5 和 20 的 WSNs 无标度容错拓扑，那么，由式(4-19)计算得到，在负载参数 α 从-5 到 1 以 0.5 步长递增变化时，对应参数 u 的变化情况如图 4-6 所示。进而由式(4-18)可得，相应的网络最大连通分支规模 S 的变化情况如图 4-7 所示。

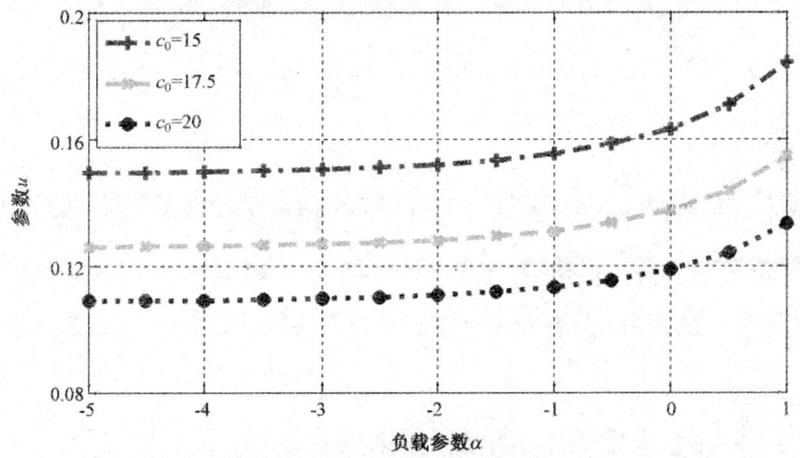

图 4-6　负载参数 α 与参数 u 的变化关系

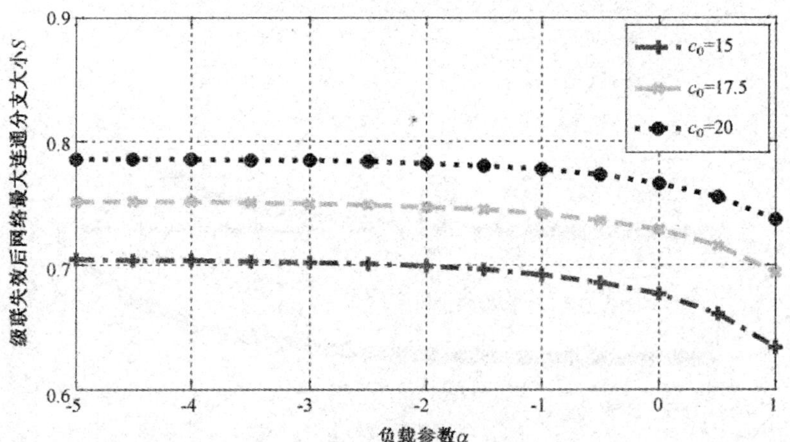

图 4-7　负载参数 α 与级联失效后网络最大连通分支规模 S 的变化关系

可见,在 WSNs 无标度容错拓扑的度分布 $p(k)$ 和节点容量 c_0 已知的条件下,单一随机节点失效引起的 WSNs 无标度容错拓扑级联失效后的网络最大连通分支规模 S,随着负载参数 α 的递增呈递减变化。

实验二　依据网络最大连通分支规模阈值 S_{th},可得 WSNs 无标度容错拓扑大规模级联失效的临界负载参数值 $\tilde{\alpha}$

基于上述 WSNs 无标度容错拓扑的度分布 $p(k)$ 和节点容量 c_0,若给定可满足最低应用需求的网络最大连通分支规模阈值 $S_{th}=0.7$,那么,由式(4-20)计算可得,当容量 $c_0=15$ 时,临界负载参数 $\tilde{\alpha}=-2.131$(见图 4-8 中的 A 点),即网络在 $\alpha>-2.131$ 的情况下出现大规模级联失效;当容量 $c_0=17.5$ 时,临界负载参数 $\tilde{\alpha}=0.89$(见图 4-8 中的 B 点),即网络在 $\alpha>0.89$ 的情况下出现大规模级联失效;当容量 $c_0=20$ 时,临界负载参数 $\tilde{\alpha}$ 不存在,即网络在 $0<\alpha<\frac{\ln \frac{c_0}{1+k_{max}^{-1}}}{k_{max}}$ 的情况下不会出现大规模级联失效。

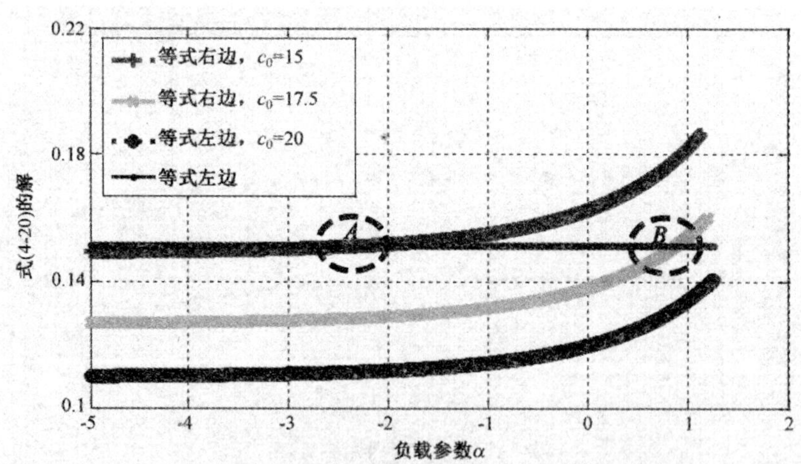

图 4-8　WSNs 无标度容错拓扑级联失效临界负载示意图

可见,在 WSNs 无标度容错拓扑度分布 $p(k)$ 和节点容量 c_0 已知的条件下,由网络最大连通分支大小阈值 S_{th},可解析得到网络大规模级联失效的临界负载参数值 $\tilde{\alpha}$,且值随着容量 c_0 的递增而递增。

实验三　临界负载参数 $\tilde{\alpha}$ 的正确性

下面来验证由上述解析所得 WSNs 无标度容错拓扑级联失效临界负载参数 $\tilde{\alpha}$ 的正确性。采用度分布可调 WSNs 无标度容错拓扑控制算法生成 $N=100$，度分布 $p(k)=1.94k^{-2.92}$ 的网络拓扑，其结构如图 4-9(a)所示，图 4-9(b)为该拓扑实际度分布与理论度分布的对比图。可见，由度分布可调 WSNs 无标度容错拓扑控制算法所得的网络拓扑的实际度分布与其理论度分布 $p(k)=1.94k^{-2.92}$ 近似吻合。

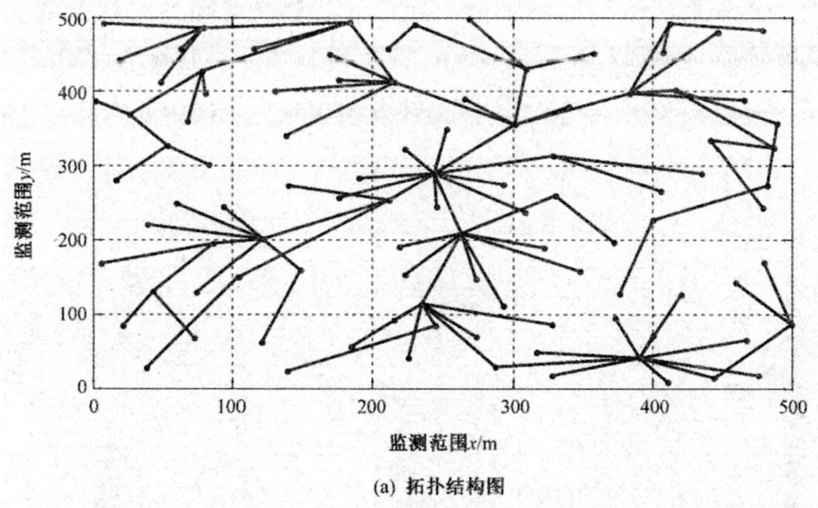

(a) 拓扑结构图

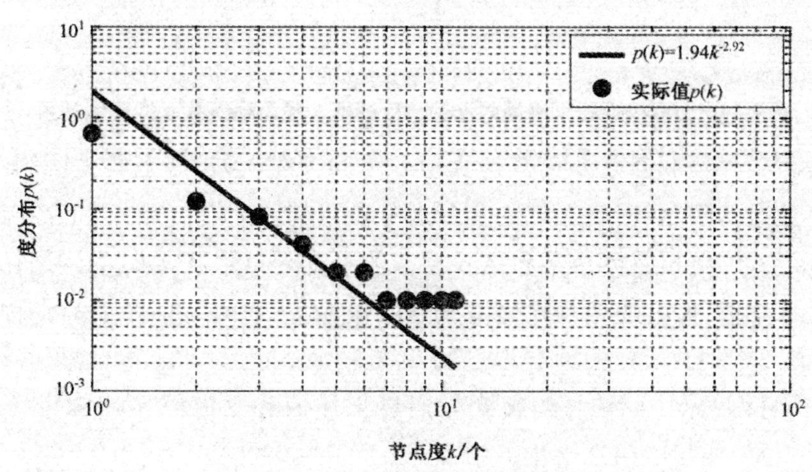

(b) 拓扑度分布对比图

图 4-9　WSNs 无标度拓扑示意图

下面通过对网络拓扑进行随机抽样,仿真分析单一随机失效节点下,该拓扑级联失效后网络最大连通分支规模 S 分别随负载参数 α 变化、随容量 c_0 变化、随 α 和 c_0 同时变化的变化情况,并通过与理论度分布 $p(k)=1.94k^{-2.92}$ 计算所得的理论情况相对比,来验证理论分析的正确性。图 4-10 给出了此拓扑级联失效后最大连通分支规模 S 随其负载参数 α($\alpha=-5,-4,-3,-2,-1,0,1,\dfrac{\ln\dfrac{c_0}{1+k_{\max}^{-1}}}{\ln k_{\max}}$)变化的仿真结果。由图 4-10 可见,容量 c_0 固定时,上述拓扑级联失效后的网络最大连通分支规模 S 随其负载参数 α 的递增呈递减趋势,且可以认为在 $\alpha=\tilde{\alpha}=-2.131(c_0=15)$,$\alpha=\tilde{\alpha}=0.89(c_0=17.5)$ 以及 $\alpha=\tilde{\alpha}=\varnothing(c_0=20)$ 处,该拓扑开始出现大规模级联失效。

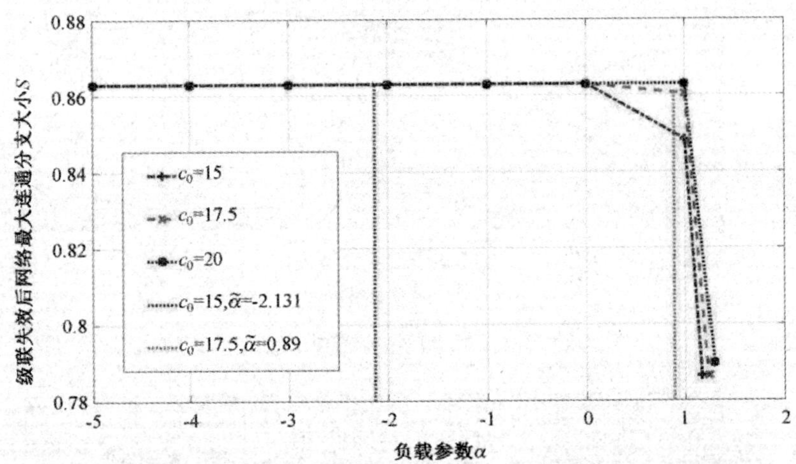

图 4-10 级联失效后网络最大连通分支规模 S 随负载参数 α 的变化关系

解析临界负载参数 $\tilde{\alpha}$ 与其仿真值 α 之间存在误差,这主要是因为:①由于节点数量的限制,网络拓扑的实际度分布与其理论值 $p(k)$ 之间存在误差;②概率形式的解析临界负载参数 $\tilde{\alpha}$ 反映的是度分布服从 $p(k)$ 的网络拓扑的大量统计均值,而上述拓扑仅是度分布服从 $p(k)$ 的网络拓扑中的一种拓扑结构。

图 4-11 显示了此拓扑级联失效后最大连通分支规模 S 随容量 c_0($c_0=15,17.5,20$)变化的仿真结果。

由图 4-11 可知,在容量 c_0 固定时,上述网络拓扑级联失效后的网络最大连通分支规模 S 随其负载参数 α 的递增而递减变化;当负载参数 α 一定时,上述网络拓扑级联失效后的网络最大连通分支大小 S 随其容量 c_0 的递增而递增变化。这与文中理论分析结果相一致(式(4-18)、式(4-19)、式(4-20))。

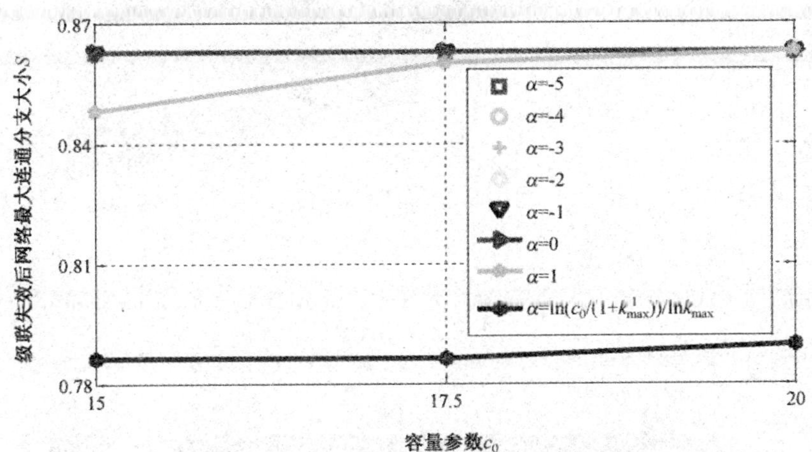

图 4-11　级联失效后网络最大连通分支规模 S 随容量 c_0 的变化关系

图 4-12 显示了此拓扑级联失效后最大连通分支规模 S 随负载参数 α($\alpha=-5,-4,-3,-2,-1,0,1,\frac{\ln\frac{c_0}{1+k_{max}^{-1}}}{\ln k_{max}}$)和容量 c_0($c_0=15,17.5,20$)同时变化的仿真结果,其中图 4-12(b)为图 4-12(a)的俯视图。

图 4-12 更直观地从负载参数 α 和容量 c_0 共同作用的角度反映了上述拓扑级联失效后的网络最大连通分支规模 S 的变化情况。可见,在相同负载参数下 α,通过增大节点容量 c_0 可以维持更大的网络最大连通分支规模 S,这表明增大容量能够有效抵御网络的级联失效;在固定容量 c_0 下,通过结合负载参数阈值 $\tilde{\alpha}$ 合理调整节点负载,也可以确保更大的网络最大连通分支规模 S,这表明负载调度也可以有效抵御网络的级联失效。为此,在最大限度提升节点容量的同时,结合临界负载调节节点负载,能够从根本上解决 WSNs 无标度容错拓扑的级联失效问题。

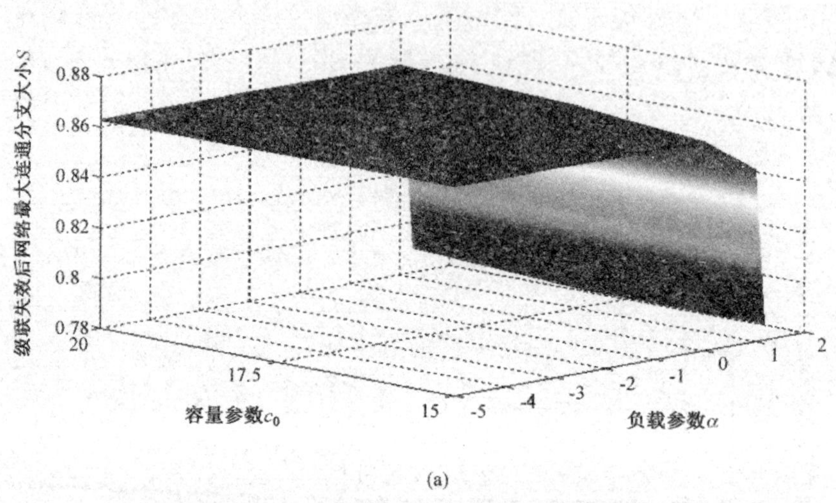

(a)

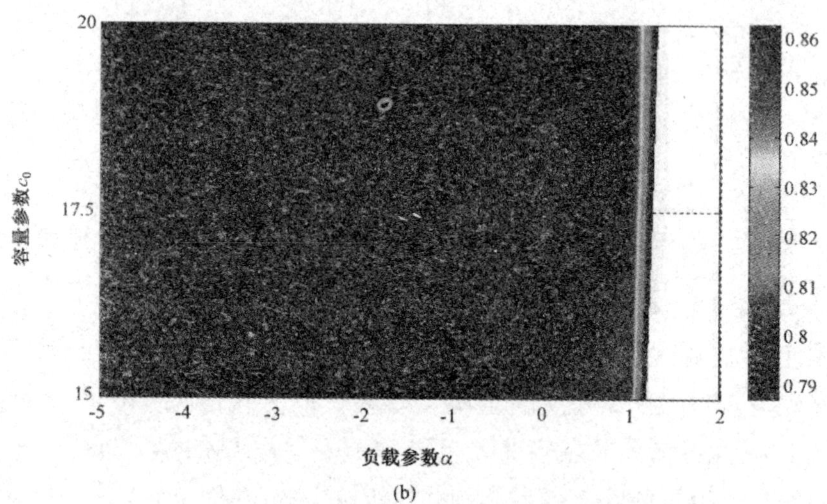

(b)

图 4-12 级联失效后网络最大连通分支规模 S 随负载参数 α 和容量 c_0 同时变化的变化情况

4.5 本章小结

本章建立了单一随机节点失效下的 WSNs 级联失效模型，进而推导出了单一随机节点失效引发 WSNs 无标度容错拓扑大规模级联失效的临界负载值。仿真结果表明，一方面随着网络负载 α 的增大，级联失效后 WSNs 无标度容错拓扑的最大连通分支规模 S 相应减小，且当网络负载 α 超过其临

界值 $\tilde{\alpha}$ 时,一个随机节点失效会引起整个网络的大规模级联失效,即此时级联失效后网络最大连通分支规模 S 无法保证其最低应用需求,$S<S_{th}$;另一方面随着容量 c_0 的增大,级联失效后 WSNs 容错拓扑的最大连通分支规模 S 相应增大。从而在最大限度提升节点容量 c_0 的同时,利用解析临界负载值 $\tilde{\alpha}$ 调节节点负载 α,有效避免了 WSNs 无标度容错拓扑的大规模级联失效,提升了 WSNs 无标度容错拓扑级联失效的容错性。

第5章 无线传感器网络选择性转发攻击检测方法研究

无线传感器网络中威胁其安全的攻击方式有很多,选择性转发攻击是多种攻击中危害最严重的攻击形式之一。转发率作为判断选择性转发攻击的重要依据,具有随机性和不确定性,容易受到环境等众多因素的影响,因此,本章提出基于简化云模型的选择性转发攻击检测方法,将简化云模型理论引入信任建模研究,运用改进的K/N投票算法得到目标节点的信任值,将目标节点的信任值与信任阈值比较,进行选择性转发攻击节点的判定,该方法能够有效地检测网络产生的选择性转发攻击节点,具有较高的检测率和较低的误检率。

5.1 概述

WSNs是一种去中心化的网络,节点之间无明显区分,通过多跳协作的方式实现数据通信。如果正常节点的加密方式被破解,有了合法身份,节点利用这种合法身份实施破坏,就很容易打破这种协作关系,我们将这种节点称为恶意节点。

选择性转发作为一种比较常见的网络层攻击类型,攻击者通过选择性丢失信息或者不转发敏感信息的方式,破坏网络数据的正常收集。相对于其他攻击形式,选择性转发攻击的攻击形式似乎比较简单,攻击者通常是将流经自身的数据包全部丢弃,此时恶意节点如同一个黑洞一样,所有从这经过的数据包都无法继续进行传输,这是选择性转发的最简单的实现方式。

由于全部数据都丢弃,这种方式往往容易被发现,攻击者一般不会采用这种方式,而是选择性地丢弃经过的数据包,攻击者基于数据敏感度和网络拓扑结构的特点,对于一些关键的数据或者路由信息进行丢弃,往往对网络的危害极大,与此同时,由于是选择性丢包,丢包具有一定的随机性,往往很难发现规律性,邻节点在检测时可能以为是正常的丢包,从而,恶意节点得到隐藏。

另外,攻击者也会将选择性转发攻击结合其他攻击形式发起攻击,比如虫洞、路由欺骗和槽洞等,利用不同的攻击形式的特点发动攻击,不容易被发现。选择性转发攻击详细过程如图 5-1 所示:网络节点个数为 9,箭头所指方向为数据的流向,假设攻击者破坏了节点 M 的加密方式,将其俘获成为恶意节点。源节点 S 要将采集数据发送到目的节点 F 上,从图上可以看出,恶意节点 M 是其必须经过的路由节点,如果恶意节点 M 发动选择性转发攻击,对于源节点 S 发送的数据包选择性地丢弃,则目的节点 F 将无法接收来自源节点 S 的全部数据包。

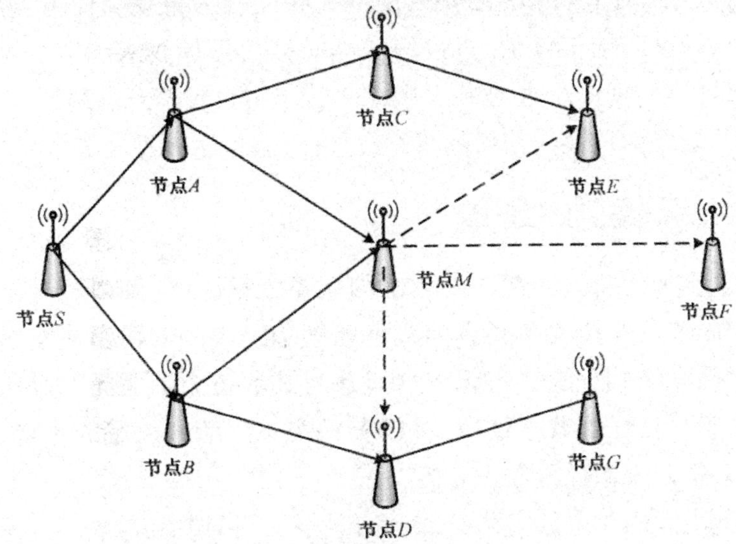

图 5-1　选择性转发攻击示意图

假设一下,如果恶意节点不是源节点到目的节点的唯一链路,源节点通过对邻居节点或者路径的丢包检测,选择另外一条链路进行数据传输,数据包也可能遇到拥塞或者碰撞,不能准确到达目的节点,此时,并不能认为节点 M 就是恶意节点,另外一条链路就不存在恶意节点。另外,选择转发攻击易与其他攻击形式结合,以槽洞为例,恶意节点 M 发动槽洞攻击,通过篡改路由信息,改变正常的路由发现过程,吸引周围节点 A,B,C,D 的流量,然后实施选择性转发攻击,选择性丢弃部分敏感数据包,此时,对网络的危害更大。因此,选择性转发攻击是其他几种攻击发起攻击的基础,它易于和其他多种攻击形式结合,隐蔽性高,很难被发觉,是攻击者最常使用的攻击手段之一。

目前关于选择性转发的检测多集中于多跳确认和信任评估两种方式。对于多跳确认模型，检测单个或者少量节点有显著效果，当存在在多个恶意节点的状态下，检测效果较差。而信任评估模型虽然适用于检测多个恶意节点，但是静态信任值阈值的选取使得网络适应性较差。同时，恶意节点检测的重要因素——转发率，大多都是预定的固定值，会导致恶意节点的检测偏离实际效果。

针对环境对节点转发率的影响，通过简化云模型对节点转发率进行精确化，提出一种基于简化云模型的选择性转发攻击检测方法。引入简化云模型对节点转发率的模糊性评估进行精确化，将该简化云模型引入信任评估模型，将节点 i 对节点 j 的简化云模型关联度作为直接信任值，通过信任值的传递性计算间接信任值，直接信任和间接信任加权求和得到综合信任值作为度量结果，利用改进的 K/N 投票算法求得目标节点的最终信任值，将目标节点的最终信任值与信任阈值比较，进行选择性转发攻击节点的判定。

5.2 简化云模型的建立

转发率作为判断选择性转发攻击的重要依据，会受到环境等众多因素的影响，因此节点的转发率具有随机性和不确定性。云模型是在统计数学和模糊数学的基础上，能够实现定性概念与其数值表示之间不确定性转换的模型，由于其良好的数学性质，可以表示现实生活中大量的不确定现象，因此这里采用云模型进行深入分析。

云模型用云的 3 个数字特征，期望 E_x、熵 E_n 和超熵 H_e 表示定量数据的定性特征，用以表示数据的整体水平、离散程度及不确定度。考虑到 WSNs 中节点计算能力有限，应避免较复杂的计算，故继承徐晓斌等人的轻量优点[114]，只采用 2 个数字特征，期望 E_x 和熵 E_n 来表示简化云特征。

网络在部署完成后，各个节点开始进行数据的传输，m 个节点同时在 n 个连续的时间片段 Δt 内对邻居节点的转发率进行监听，监听矩阵表示为

$$\boldsymbol{X}_{m\times n}=\begin{pmatrix} x_{11} & x_{12} & \cdots & x_{1n} \\ x_{21} & x_{22} & \cdots & x_{2n} \\ \vdots & \vdots & & \vdots \\ x_{m1} & x_{m2} & \cdots & x_{mn} \end{pmatrix} \tag{5-1}$$

对于 WSNs 中选择性转发攻击的检测，为了提高检测效率，加快恶意节

点的排查速度，本章借助计算简单高效，且性能与云模型接近的简化逆向云算法[115]对各个节点的转发率进行精确的分析。设每个节点的信息集 $X_{mn}=\{x_1,x_2,x_3,\cdots,x_n\}$，建立在该节点上的简化云模型 $LC(E_x,E_n)$，其中 E_x 表示信息集期望，即该节点在 n 个 Δt 时间内转发率的均值，是该节点转发率最具代表性的样本。E_n 表示信息集的熵，即该节点转发率相对转发率样本的偏离程度，具有一定的随机性和模糊性。

$$E_x=\bar{X}=\frac{1}{n}\sum_{i=1}^{n}x_i \tag{5-2}$$

$$E_n=\sqrt{\frac{\pi}{2}}\times d=\sqrt{\frac{\pi}{2}}\times\frac{1}{n}\sum_{i=1}^{n}|x_i-\bar{X}| \tag{5-3}$$

式中：

x_i——该邻居节点在第 i 个时间片段内的转发率；

$\bar{X}$——该邻居节点在 n 个时间片段内转发率的均值。

云由大量云滴组成，一次云滴是定性概念上的一次实现，本章用 (x_i,y_i) 表示云模型中的一个云滴，这里 y_i 为该邻居节点在第 i 个 Δt 时间内的转发率对应的云隶属度[116]：

$$y_i=e^{-(x_i-E_x)^2/2E_n^2} \tag{5-4}$$

5.3　基于简化云模型的选择性转发攻击检测方法

上一节通过节点转发率构建了云滴，形成了简化云模型。这一节将节点 i 对节点 j 的简化云模型关联度作为直接信任值，通过信任值的传递性计算间接信任值，直接信任和间接信任加权求和得到综合信任值作为度量结果，运用改进的 K/N 投票算法得到目标节点的最终信任值，最后和信任值阈值比较来检测恶意节点。

5.3.1　改进 K/N 投票算法的目标节点信任值分析

(1) 直接信任值

通过上面节点转发率构建出云滴，形成简化云模型进行节点 i 对邻居节点 j 的直接信任评估，能够兼顾转发率的随机性和不确定性。在正态云中，有 99.74%的云滴落在 (E_x-3E_n,E_x+3E_n) 之间，因此可以用 $\{(E_x-3E_n,E_x+3E_n)\}$ 表示云滴落在 (E_x-3E_n,E_x+3E_n) 区间的集合。那么，节点 N_i 和节点 N_j 在 n 个 Δt 时间的转发率构建的云模型相交的云滴集合为

$$N=\{(E_{xi}-3E_{ni},E_{xi}+3E_{ni})\}\cap\{(E_{xj}-3E_{nj},E_{xj}+3E_{nj})\} \tag{5-5}$$

节点 N_i 和节点 N_j 在 n 个 Δt 时间的转发率构建的云模型合并的云滴集合为

$$M=\{(E_{xi}-3E_{ni},E_{xi}+3E_{ni})\}\cup\{(E_{xj}-3E_{nj},E_{xj}+3E_{nj})\} \tag{5-6}$$

则节点 N_i 和邻居节点 N_j 在 n 个 Δt 片段的转发率构建的云模型的关联度 k_{ij}，即节点 i 对邻居节点 j 的直接信任值 t_{ij}^{direct} 为

$$t_{ij}^{direct}=k_{ij}=\frac{|N|}{|M|} \tag{5-7}$$

(2) 间接信任值

节点 i 对邻居节点 j 进行信任评估时，还需要从其他邻居节点处获得该节点对 j 的可信度，这样获得的可信度为间接可信度。

信任值具有传递性，因此邻居节点 i 和 j 的间接信任可以通过共同邻居节点的推荐信任值进行评估，间接信任值 t_{ij}^{direct} 计算如下：

$$t_{ij}^{direct}=\frac{\sum_{k\in M_k} t_{ik}\times t_{kj}}{|M_k|} \tag{5-8}$$

式中：

M_k——节点 i 和节点 j 之间共同信任推荐节点的集合。

(3) 综合信任值

为了解决主观信任值局限性的问题，节点 i 对节点 j 的综合信任值由直接信任值和间接信任值加权求和得到，综合信任值的计算公式为

$$T_{ij}=\alpha t_{ij}^{direct}+(1-\alpha)t_{ij}^{indirect} \tag{5-9}$$

式中：

α——直接信任的权重。

(4) 目标节点信任值

按照以往的 K/N 投票算法，对网络中目标节点的信任值的评判只是简单地依靠其他度量节点判定值的线性相加，这种投票方法中和掉相互冲突的票，没有考虑到投票个体的差异性。基于此，在 K/N 投票算法的基础上，本章利用改进的 K/N 投票算法进行最终的信任评估建模，其表示方法如下：目标节点的信任值取决于邻居节点的度量权重和邻居节点对目标节点的度量结果两个方面。在不确定度非常大的信任评价情况下，普通投票算法很

容易因为数量方面的优势而导致评估失误,改进投票算法通过引入度量节点权重,反映了投票个体差异对评估结果的影响,增强了统计分析的鲁棒性,有效地实现了对目标节点的信任判断。

网络中所有节点在网络部署时的初始信任值都为 T_0,随着时间周期的增加,目标节点对应的邻居节点的信任值矩阵为

$$TrustValue = [T_1 \quad T_2 \quad \cdots \quad T_m] \tag{5-10}$$

邻居节点的度量权重由这些节点的信任值大小决定,邻居节点的信任值归一化后的权重作为度量权重:

$$\delta_m = \frac{T_m}{\sum\limits_{m \in NeighborNode} T_m} \tag{5-11}$$

式中:

NeighborNode——目标节点的邻居节点集合。

因此,可以得到度量节点对应的度量权重矩阵为

$$NodeWeight = [\delta_1 \quad \delta_2 \quad \cdots \quad \delta_m] \tag{5-12}$$

将邻居节点 i 对目标节点 j 的综合信任值作为度量结果,对应的度量结果矩阵为

$$ComTrustValue = [T_{1j} \quad T_{2j} \quad \cdots \quad T_{mj}] \tag{5-13}$$

那么,由邻居节点对应的度量权重和邻居节点对目标节点的度量结果,可以得到目标节点 j 的最终信任值:

$$T_j = NodeWeight \times ComTrustValue^{\mathrm{T}} \tag{5-14}$$

目标节点 j 的信任值越大,表明节点越不容易产生恶意攻击,当目标节点 j 信任值 T_j 大于信任值阈值 T,则目标节点为正常节点,否则认为目标节点产生选择性转发攻击。因此,信任值阈值 T 是限定节点为正常节点和恶意节点的关键性因素,本章的信任阈值 T 优化确定在仿真部分给出。

5.3.2　基于改进 K/N 投票的选择性转发攻击检测方法

基于信任评估模型的选择性转发攻击检测方法的核心是利用简化云模型将具有随机性和模糊性的节点转发率精确化,综合直接信任和间接信任,获取节点的综合信任值,并利用改进的 K/N 投票算法兼顾评估个体的差异性,融合综合信任值和节点信任值权重,确定目标节点的最终信任值,算法流程图如图 5-2 所示。

步骤 1:网络中每个节点监听邻居节点的转发率,在 n 个时间片段内分

别监听到的转发率建立邻居节点转发率矩阵。

步骤 2:从转发率矩阵中提取每个节点的信息集,然后分别构建对应节点的简化云模型。

步骤 3:根据正态云中云滴的分布状态,计算邻居节点对目标节点的云模型关联度,即邻居节点对目标节点的直接信任值。

步骤 4:根据信任值的传递性,通过共同相邻节点的推荐信任值计算邻居节点对目标节点的间接信任值。

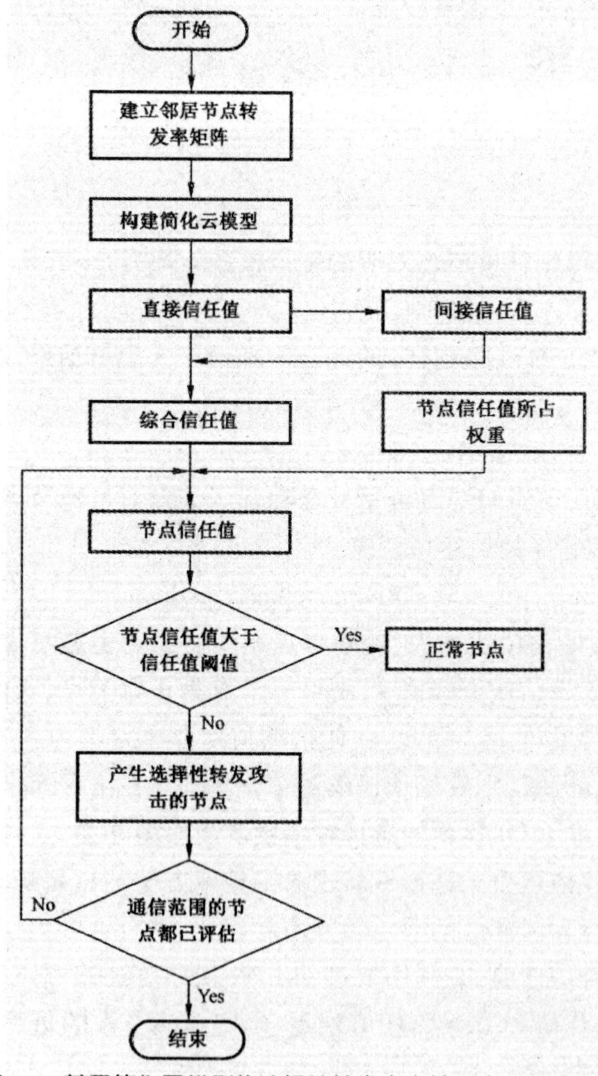

图 5-2　基于简化云模型的选择性转发攻击检测方法的流程图

步骤 5:由直接信任值和间接信任值加权求和得到邻居节点对目标节点的综合信任值。

步骤 6:由邻居节点对目标节点的综合信任值和邻居节点所占权重的乘积,作为邻居节点对目标节点的一次信任评估,所有邻居节点信任评估的和得到目标节点的信任值。

步骤 7:将目标节点的信任值和信任值阈值比较,大于信任值阈值的目标节点为正常节点,否则为产生选择性转发攻击的节点。

步骤 8:完成网络中所有节点的信任值和信任值阈值的比较,找出网络中产生的选择性转发攻击的节点。

5.4　仿真实验与性能评价

为了验证基于云模型的选择性转发攻击检测方法的性能,采用 MATLAB 进行仿真实验。假定 200 个节点随机均匀地分布在半径为 100 m 的圆形区域内,每个节点的通信半径为 30 m。在监听时间内每个节点都处于转发状态且每个节点对通信范围内的邻居节点进行监听,本章利用监听到的邻居节点的转发率进行云模型的建立,设网络中每个节点的转发率为[0.9 ~1.0],随机选取一定比例的恶意节点进行性能的分析。网络部署完成时初始每个节点的信任值为 0.5,每运行一个时间段 t 后进行一次节点信任值的评估,将每个时间段分为 n 个 Δt 时间片段,每个 Δt 时间片段进行一次转发率的记录。具体仿真参数如表 5-1 所示。

表 5-1　仿真参数

参数	值
仿真区域 S	$\pi\times100\times100$ m^2
节点数量 N	200
节点通信半径 R	30 m
时间段 t	1 000 s
直接信任值权重 α	0.6
云滴个数 n	100
包传输速率 v	640 bit/s
包的大小 s	64 bit
节点初始信任值 T_0	0.5

实验一　本章检测方法有效性验证

(1) 信任值阈值的分析

信任值阈值 T 是限定节点为正常节点和恶意节点的关键性因素，因为信任值阈值的取值大小是决定节点是否为正常节点的分界线，所以对于信任值阈值 T 的取值设定进行实验性的选择。在不同的恶意节点比例场景下，分别将实验运行 5 个时间片段后，考察信任值阈值对检测率（检测出的恶意节点个数比恶意节点的总个数）和误检率（正常节点被判定为恶意节点和恶意节点被判定为正常节点的个数和比节点总数）的影响如图 5-3 所示，综合信任值阈值对检测率和误检率的影响，找出适合该信任评估模型的信任值阈值。

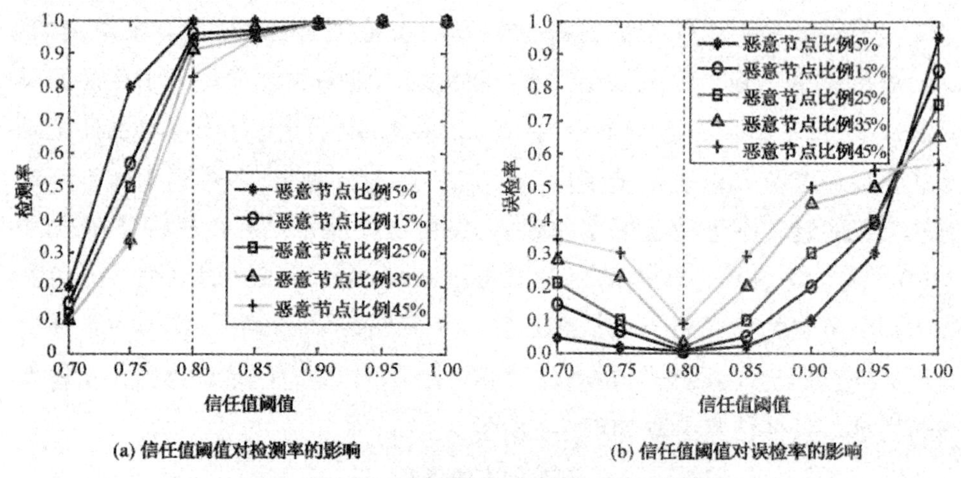

(a) 信任值阈值对检测率的影响　　(b) 信任值阈值对误检率的影响

图 5-3　信任阈值对检测率和误检率的影响

由图 5-3(a) 可以看出随着信任值阈值的增加，恶意节点的检测率在逐渐增加。这是由于随着信任值阈值的增加被判定为恶意节点的个数随之增加，恶意节点被检测出来的个数也随之增加，当阈值达到 1.0 时，检测率可以达到 100%。由图 5-3(b) 可以看出当信任值阈值小于 1.0 时，不管恶意节点比例如何变化，随着信任值阈值的增加，误检率先降后增，在信任值阈值为 0.8 的时候，误检率达到最低。在信任值阈值小于 0.8 时，随着信任值阈值的增加误检率在降低，因为正常节点被判定为恶意节点的个数变化不大而恶意节点被判定为正常节点的个数在减小。而当信任值阈值大于 0.8 时，随着信任值阈值的增加误检率在增加，因为随着信任值阈值的增加，恶

意节点被判定为正常节点的个数变化不大,而正常节点被判断为恶意节点的个数在不断增加。当信任值阈值为 1.0 时,恶意节点都被检测出来,而正常节点都被判定为恶意节点。综合信任值阈值对检测率和误检率的影响,可以将 0.8 作为模型的信任值阈值。

(2) 时间段的分析

在不同恶意节点比例场景下,考察随着网络运行的时间段的递增,对检测率和误检率的影响如图 5-4 所示。

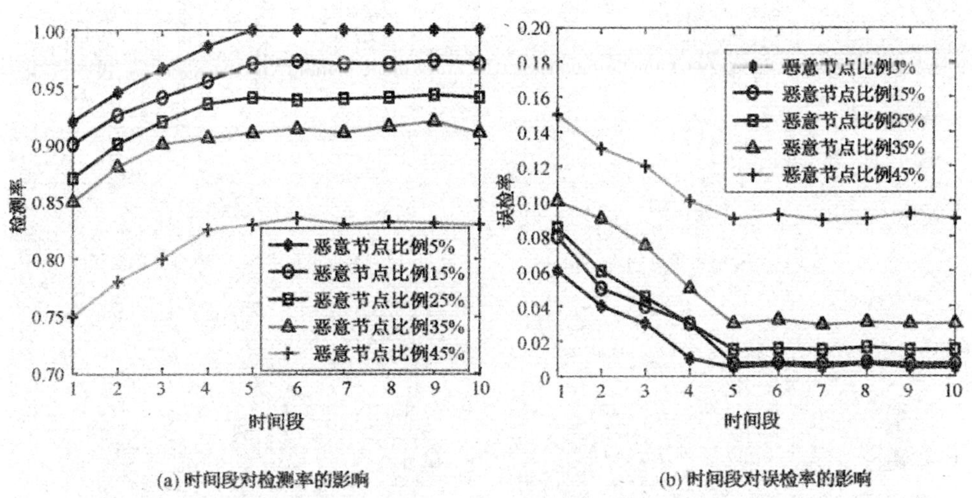

(a) 时间段对检测率的影响　　(b) 时间段对误检率的影响

图 5-4　时间段对检测率和误检率的影响

由图 5-4(a)和图 5-4(b)可看出,随着时间段的增加,检测率先增加,后趋于稳定,而误检率先降低,后趋于稳定。因为在网络部署时,邻居节点对目标节点的度量权重相同。随着时间段的增加,邻居节点的度量权重开始发生变化,邻居节点对目标节点的信任值的影响也开始变化,当经过 5 个时间段时,各个目标节点的信任值趋于稳定,因此邻居节点对目标节点的信任值影响趋于稳定,节点的检测率和误检率也趋于稳定。当时间段一定时,检测率和恶意节点比例呈反比,因为恶意节点比例越小,目标节点的邻居节点中正常节点占比越大,对恶意节点的判定越准确。而误检率和恶意节点呈正比,因为恶意节点比例越大,目标节点的邻居节点中恶意节点占比越大,对正常节点的判定误差越大。

(3) 节点信任值分析

当网络运行 5 个时间片段时,考察恶意节点比例对节点信任值的变化情况、正常节点被判断为恶意节点(用○表示)的个数和恶意节点被判断为正常节点(用 * 表示)的个数,如图 5-5 所示。

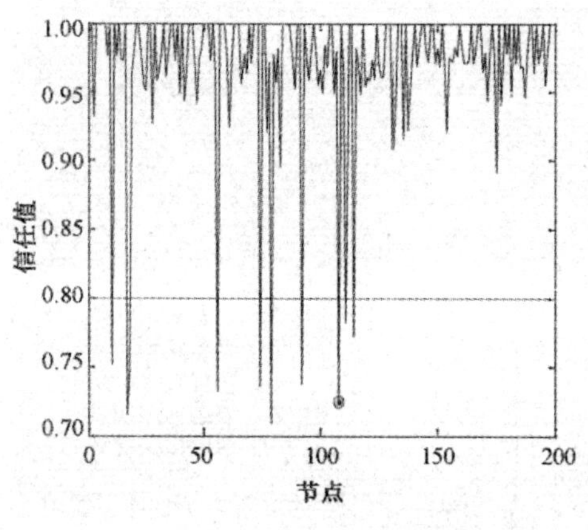

(a) 恶意节点比例5%时节点的信任值

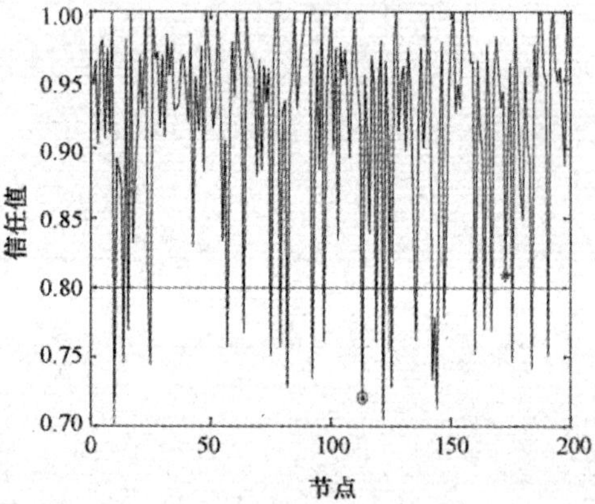

(b) 恶意节点比例15%时节点的信任值

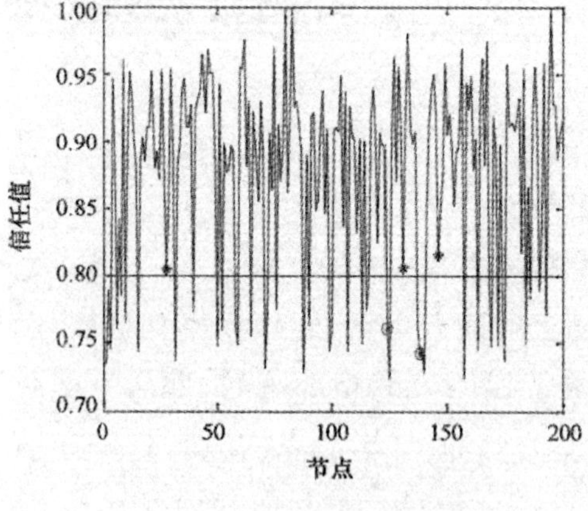

(c) 恶意节点比例25%时节点的信任值

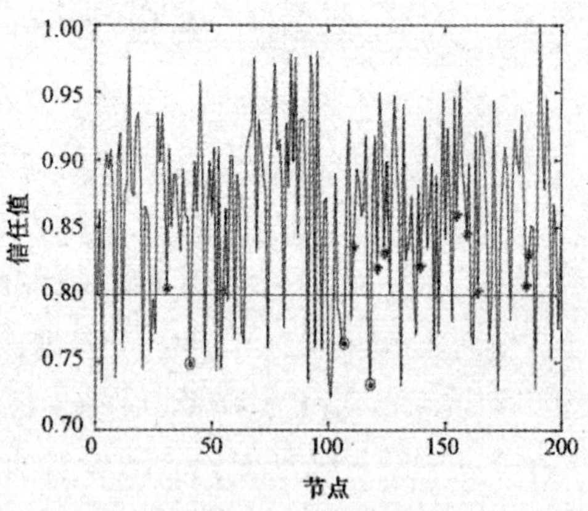

(d) 恶意节点比例35%时节点的信任值

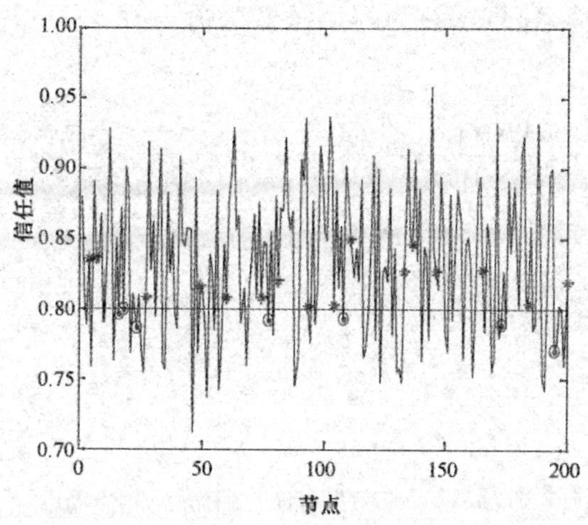

(e) 恶意节点比例45%时节点的信任值

图 5-5　恶意节点比例对节点信任值的影响

图 5-5 中,信任值恒等于 0.8 的直线是判定节点是否为正常节点的分界线,即节点的信任值阈值。节点的信任值在该分界线上半部分,则被判定为正常节点,否则被判定为恶意节点。如果正常节点的信任值在该分界线下半部分(包含该直线),则该坐标点用"○"标记,如果恶意节点的信任值在该分界线上半部分,则该坐标点用"＊"标记。一方面,随着恶意节点比例的增加,正常节点信任值整体呈下降趋势,因为随着网络中恶意节点个数增加,目标节点的邻居节点中的恶意节点比例随之增加,邻居节点对目标节点的恶意评估就会增加,导致总体节点信任值呈下降趋势。另一方面,正常节点被判断为恶意节点和恶意节点被判断为正常节点的个数在逐渐增加,因为随着恶意节点比例的增加,目标节点的邻居节点中的恶意节点比例随之增加,如果目标节点是正常节点,则其邻居节点增加的恶意节点对目标节点信任值的恶意评估会使其信任值降低,导致低于信任值阈值的正常节点增加。如果目标节点为恶意节点,则其邻居节点减少的正常节点对恶意节点的信任值评估会使其信任值增加,导致高于信任值阈值的恶意节点增加。

实验二　本章检测方法与其他方法的性能对比分析

(1) 检测前后本章网络拓扑的分析

在本章检测方法中,恶意节点比例为 25%的情况下,图 5-6(a)为网络部署时的仿真场景图，图 5-6(b) 为当信任值阈值为 0.8、经过 5 个时间段时的仿真场景图。

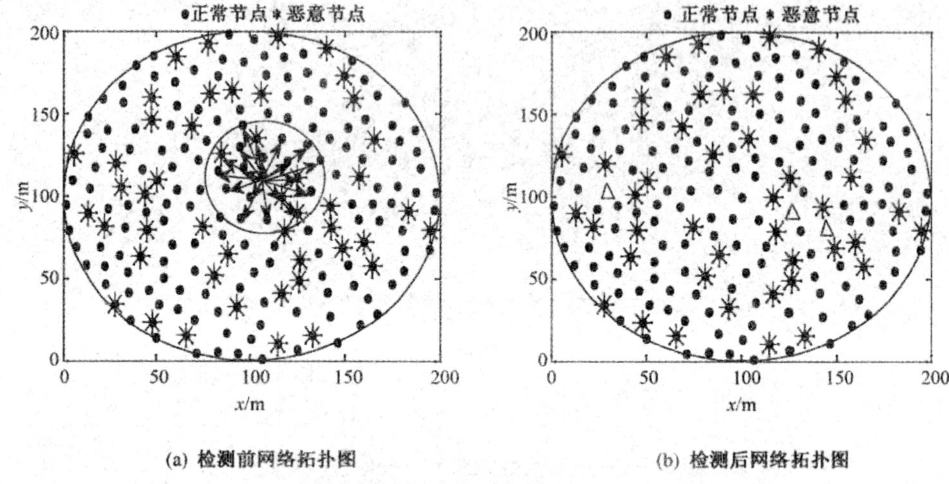

(a) 检测前网络拓扑图

(b) 检测后网络拓扑图

图 5-6 本章网络拓扑图

图 5-6 (a) 中，“ ● ”表示正常节点，“ * ”表示恶意节点，大圆为节点分布区域，小圆为节点的通信范围，箭头指向的节点为该节点的邻居节点。在圆形区域内正常节点和恶意节点都是均匀部署的，每个节点都有多个邻居节点，每两个邻居节点都有多个相交的邻居节点。该仿真场景可以很好地模拟现实场景，对本章节点拓扑的构建具有较高的可行性。

图 5-6 (b) 中，“ * ”表示被检测出来的恶意节点，“△”表示未被检测出来的恶意节点，在恶意节点比例 25%的场景下进行恶意节点的检测，检测率可以达到 94%左右，表明本章检测方法可以很好地筛选恶意节点。

(2) 检测率和误检率的对比分析

下面为本章方法、NeTMids 方法[117]、SGHA 方法[118] 和 RBMND 方法[119] 的恶意节点比例和检测率，恶意节点比例和误检率的关系对比图，如图 5-7 所示。

由图 5-7(a) 可看出，随着恶意节点比例的增加，检测率都呈下降趋势，当恶意节点比例小于 48%，本章方案的检测率比其他方案的要高。这是由于本章方案用转发率构建简化云模型，可以将转发率的随机性和模糊性具体化，使得检测结果更加准确，而其他方案都是通过监测或者计算邻居节点的转发率去构建直接信任值，没有解决转发率具有的随机性而带来的局限性。当恶意节点比例大于 48%时，RBMND 方案的检测率要比本章方案的检测率高，因为 RBMND 方案使用 Merkle 树散列技术开发了恶意节点检测机制，减小了恶意节点所占比重大对信任值决定大的影响。

由图 5-7(b) 可看出，随着恶意节点比例的增加，误检率都呈上升趋势，当恶意节点小于 42%时，本章方案的误检率低于其他方案的，因为由 n 个云滴构建的简化云模型可以很好地将正常节点和恶意节点区分开，而其他方案通过监测计算转发率来求解信任值，误差较大。当恶意节点比例大于 42%时，RBMND 方案的误检率要低于本章方案，因为 RBMND 方案会经过多次评估判断出恶意节点，对于多恶意节点的场景，误检率较低。

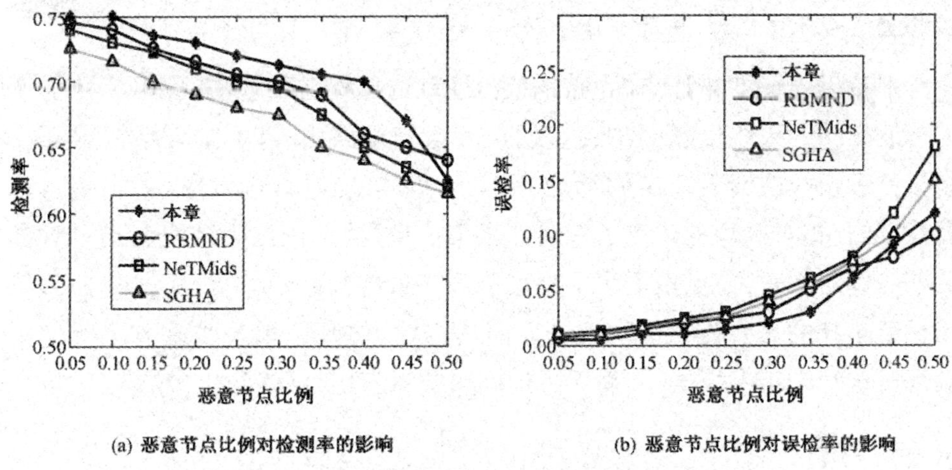

图 5-7　恶意节点比例对检测率和误检率的影响

5.5　本章小结

本章提出了一种基于简化云模型的选择性转发攻击检测方法，将简化云模型引入信任评估模型中，实现了转发率定性和定量的转换，并利用改进的 K/N 投票算法，克服了主观分配权限带来的局限性，使得选择性转发攻击节点的检测率和误检率达到更好的效果。仿真结果表明，运用实验性的信任值阈值和时间段求解方式可知，当信任值阈值为 0.8，经过 5 个时间段后，本章方法可以有效地检测出网络中产生的选择性转发攻击节点。当恶意节点比例小于 42%时，本章检测方法的性能要优于 NeTMids，SGHA 和 RBMND 检测方法，当恶意节点比例大于 42%时，本章检测方法的性能开始下降，故在恶意节点比例较大的场景下，提高恶意节点的检测率是下一步的研究工作。

第6章　选择性转发攻击下的多属性决策安全路由方法研究

本章以无标度拓扑作为网络模型，针对选择性转发攻击，提出一种基于无标度拓扑的无线传感器网络多属性决策安全路由方法，本方法根据无标度拓扑和选择性转发攻击的特点，定义了负载、能量传输效率、丢包率三种属性，结合相对熵理论建立了多属性决策模型，网络依据决策模型建立节点的前向邻居列表，节点根据表中决策值选择最优的路由节点，形成一种面向无标度拓扑的无线传感器网络安全路由方法，仿真结果表明该方法可以有效规避选择性转发攻击，均衡无标度网络能量，延长网络的生命周期。

6.1　概述

基于无标度理论构建的 WSNs 对节点随机失效有较强的容错能力，能较好地适用于 WSNs 无人看管的复杂环境，然而，在具有无标度特征的 WSNs 中，其度分布的不均匀性导致部分节点在网络中非常关键，一旦遭受攻击，对网络危害极大。WSNs 面临的安全威胁形式多样，而选择性转发攻击作为一种常见的攻击形式，易于和其他攻击形式相结合发起攻击，通常是其他攻击发起的基础。TESRP[120]是针对选择性转发攻击的经典安全路由模型，它是一种基于节点信任的能量感知路由模型，网络中选择性转发攻击的主要表现形式为恶意丢包，因此，在进行信任评估时，主要监测节点的转发包情况，模型基于网络的局部特征，在其设计中综合了信任、能量、路径长度概念，提供可靠的数据传输并延长网络使用寿命。

通常情况下，要获取节点的信任情况，信任评估者通过在监视模式下监听被评估节点的数据传输情况来评估节点的可信度，并动态地识别行为不当的节点。假设节点 i、节点 j 和节点 k 参与一对源和目的节点之间的分组转发并且互相是邻居,如图6-1所示。信任评估者(在节点i和节点k处)基于监视的信息将每个监视的传感器节点(节点j)分类到任一类别中:可信节点、恶意节点和故障节点。如果节点i监测的信息和节点k对应的内存中发现信息完全匹配,则节点j被认为是可信节点,如果来自节点j的被窃听分组中的分组ID与自身缓冲器中的分组ID相比相当少,而整个丢包行为呈现一定的随机分布,则节点i和节点k声明节点j是故障节点,不符合上述两种条件的,则节点j被认为是恶意节点。

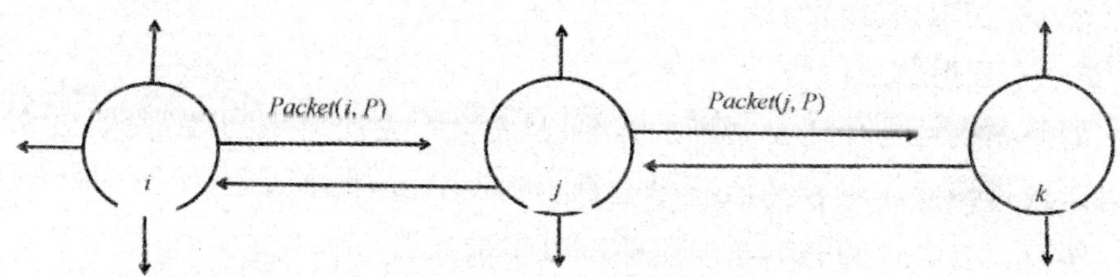

图6-1　节点监控示意图

节点i和节点k可以通过观察节点j的分组转发行为的数量来识别节点j的真实行为。如果节点j发送假响应,指示将数据包正确转发到节点k,同时丢弃来自节点i的所有接收到的数据包,则它可以误导节点i而不是节点k,因为节点k可以通过比较相应的数据包来检测节点j的恶意行为。

为了建立信任模型,来自网络的原始数据和观测数据必须量化为信任值。因此,节点i上的信任评估器依据n个连续转发的数据包评估其邻居j的数据包转发率(fr)为

$$fr_{i,j}=\frac{S_{i,j}}{S_{i,j}+U_{i,j}} \tag{6-1}$$

式中:

$S_{i,j}$——成功转发的分组数量;

$U_{i,j}$——不成功转发的分组数量。

因为信任模型具有不确定性,一段时间内的节点信任值往往具有随机性,所以,每个节点的信任评估器使用*Beta*概率密度函数评估相邻节点行为的预期概率,之所以选择了*Beta*概率密度函数,是因为它代表了结果是二元的信任形式,即良好行为或恶意行为节点的计算只需要两个参数(α和β),这使得它适用于内存受限的传感器节点。*Beta*分布函数被定义为

$$P(x)=Beta(\alpha,\beta)=\int_0^1 u^{\alpha-1}(1-u)^{\beta-1}\mathrm{d}u \tag{6-2}$$

式中：

α——参数，$\alpha>0$；

β——参数，$\beta>0$。

Beta 概率密度函数的概率期望值定义为

$$E(p)=\frac{\alpha}{\alpha+\beta} \tag{6-3}$$

式中：

α——表现良好行为；

β——表现恶意行为。

如果 a 表示成功转发结果的数量，b 表示不成功结果的数量，则概率结果可以通过设置 α 和 β 的值获得，具体如下：$\alpha=a+1$，$\beta=b+1$。

所以，式(6-3)的概率密度函数可以表示为

$$E(p)=\frac{a+1}{(a+1)+(b+1)} \tag{6-4}$$

基于数据包转发率，节点 i 上的信任评估者评估邻居节点 j 的行为：良好行为或恶意行为。如果节点 j 的数据包转发比(fr)高于或等于指定数据包转发阈值(Th)，那么在节点 i 处检查的节点 j 的行为称为良好行为。除此以外，它被称为节点 j 的恶意行为。在节点 i 处检查的节点 j 的良好行为和恶意行为可分别由 $WB_{i,j}$ 和 $MB_{i,j}$ 表示，如果在节点 i 处观察到节点 j 的良好行为，$WB_{i,j}$ 增加 1，即

$$WB_{i,j}=\begin{cases}WB_{i,j}+1, & fr_{i,j}\geqslant Th\\ WB_{i,j}, & fr_{i,j}<Th\end{cases} \tag{6-5}$$

类似地，如果在节点 i 检查节点 j 的恶意行为，$MB_{i,j}$ 按照公式递增加 1，即

$$MB_{i,j}=\begin{cases}MB_{i,j}+1, & fr_{i,j}<Th\\ MB_{i,j}, & fr_{i,j}\geqslant Th\end{cases} \tag{6-6}$$

式(6-7)可用于计算预期值在节点 i 检查节点 j 的良好行为的概率，其中 $\alpha=WB_{i,j}$ 和 $b=MB_{i,j}$，如下式所示：

$$E(p)_{i,j}=\frac{WB_{i,j}+1}{(WB_{i,j}+1)+(MB_{i,j}+1)} \tag{6-7}$$

式中：

$WB_{i,j}\geqslant 0$，$MB_{i,j}\geqslant 0$。

节点的可靠性指标也用其预期的积极行为概率来表示，如果节点的预期正面行为概率高，则其可靠性指数也高，反之亦然。

一个可信路径 P 由一组可信传感器节点 $i,j,k,\cdots,n\in V$ 和 $(i,j)\in E$ 组成，其中 V 代表网络中的传感器节点集合，E 代表网络中传感器节点之间的链路集合。TESRP 模型引入了综合路由功能（*CRF*）度量，该度量包含节点的信任度、剩余能量和跳数，信任度为上述采用 *Beta* 分布对网络丢包率的统计分析。信任度、剩余能量和跳数整体为加权方式以计算 *CRF* 的成本，如式(6-8)所示：

$$CRF = \alpha Trust + \beta Enery + \gamma Hopcount \tag{6-8}$$

式(6-8)中的权重 α,β 和 γ 分别代表信任度、能量和跳数的占比，其中 $\alpha+\beta+\gamma=1$，默认情况下，所有权重已经被赋予均匀的比例以便在路由选择中具有相同的影响，这些权重可以根据应用的要求而变化。

可见，TESRP 利用网络局部最优原则，计算节点转发率、剩余能量、跳数三种属性值，采用加权和的方式建立模型，采用这种方式建立模型可以一定程度上缓解选择性转发攻击的影响，同时缩短数据传输路径长度并降低网络能耗，但是采用这种方式有其局限性，如果从最小跳数的角度考虑，会容易造成网络过分依赖一些关键节点的路径，节点能量过早消耗殆尽，并且路由选择除了考虑节点的剩余能量，还应该结合网络结构特点，不同结构下节点分布不同，节点单位时间内能量消耗不同，故也需要进行适当的路由调整。

6.2　多属性决策模型

多属性决策也称有限方案多目标决策，解决在考虑多个属性的情况下，选择最优备选方案或进行方案排序的决策问题[121]。这里结合无标度网络的结构特点和节点是否遭受攻击的行为状态，考虑节点的度、能量、丢包率因素建立多属性决策模型，采用相对熵的方法有效分配模型中各个属性的权重，平衡各个属性对于决策模型的影响，该模型是节点进行下一跳路由的重要依据。

6.2.1　决策模型构建

无标度网络里存在许多度很小的节点和个别度很大的节点，节点度的不均匀性，使得无标度网络对随机故障具有较强的容错性，然而在面对蓄意攻击时，尤其是基于节点度的蓄意攻击，网络表现得非常脆弱。基于无标度网络的优势，同时为解决无标度网络结构不均匀带来的网络负载不均匀，导致部分关键节点拥堵或提早能量耗尽，引发整个网络崩溃的危害，针对无标度网络中选择性转发攻击问题，这里将节点负载、能量传输效率、丢包率一同作为节点的关键属性(一方面，考虑到无标度网络结构的不均匀性，节点度大的节点相对比较关键，是各节点最短路径集中通过的主要节点，同时也是蓄意攻击的主要目标，当负载不断加重时，为了避免因这类关键节点拥塞导致的恶意节点误判，甚至提早能量耗尽死亡，选择负载和能量传输效率作为节点属性；另一方面，考虑到选择性转发攻击的表现形式为恶意丢包，选择丢包率作为节点属性反映节点是否为恶意节点)，建立节点的多属性决策模型，减少恶意节点参与数据转发的可能性。

(1) 负载

在无标度拓扑中，节点负载是指单位时间内节点需要发送本节点数据流量和转发其他节点数据流量之和[122]，用 $L_j(t)$ 表示。在无标度网络中，影响节点负载大小的主要因素是节点度和节点到 Sink 节点的距离，通常距离节点 Sink 越近的节点负载量越大，同时，度越大的负载量越大。因此，无标度拓扑节点的结构负载可以用 $\delta[d(j,\text{Sink}),k_j^{\alpha}]$，表示，其中 $\delta[d(j,\text{Sink}),k_j^{\alpha}]$ 为 $d(j,\text{Sink})$ 的减函数，为 k_j^{α} 的增函数，即

$$L_j(t)=L+\delta[d(j,\text{Sink}),k_j^{\alpha}]\cdot L \tag{6-9}$$

式中：

$d(j,\text{Sink})$ ——节点 j 与 Sink 节点的距离；

k_j ——节点 j 的节点度；

α ——可调参数，用来控制负载强度；

L ——节点本身的数据流量；

$\delta[d(j,\text{Sink}),k_j^{\alpha}]\cdot L$ ——节点 j 需转发其他节点的数据流量。

(2) 能量传输效率

能量传输效率反映的是当前节点的能量状态，这里不仅包含节点的当前剩余能量，还有节点单位时间内的能量消耗量。采用通用的一阶射频模型[123]，网络中任意节点 j 在单位时间内需要接收$[\delta(d(j,\text{Sink}),k^{\alpha})L]$ bit 数据，转发 $L_j(t)$ bit 数据，那么节点 j 平均需要消耗的能量 $E_j(t)$ 为

$$E_j(t)=E_{elec}\times\delta[d(j,\text{Sink})]\cdot L+(E_{elec}+\varepsilon_{amp}\times R_j^2)\times L_j(t)$$

$$= (2 \times E_{elec} + \varepsilon_{amp} \times R_j^2) \times L_j(t) - E_{elec} \times L$$
$$= \alpha \times L_j(t) + b \tag{6-10}$$

式中：

a ——参数，$\alpha=2\times E_{elec}+\varepsilon_{amp}\times R_j^2$；

b ——参数，$b=-E_{elec}\times L$；

R_j——节点通信半径。

本章基于无标度拓扑模型，节点之间并无明显差异，因此 a,b 为常数，网络中节点能耗 $E_j(t)$ 由节点负载 $L_j(t)$ 决定。将式(6-9)代入式(6-10)中可以得出

$$E_j(t) = a \times L\{1 + \delta[d(j,\text{Sink}), k^{\alpha}]\} + b \tag{6-11}$$

因此，节点的能量传输效率为

$$EF_j(t) = \frac{EN_j(t)}{E_j(t)} \tag{6-12}$$

式中：

$EN_j(t)$——节点 j 在 t 时刻的剩余能量；

$E_j(t)$ ——节点 j 单位时间内消耗的能量。

$EF_j(t)$ 从节点单位时间内消耗的能量及节点剩余能量两方面综合衡量节点能耗，更好地反映节点当前能量状态，$EF_j(t)$ 的值越大，表示节点 j 能量性能越好，传输效率越高。

(3) 丢包率

在实际生活中，当一现象受到许多相互独立的随机因素的影响，如果总的影响看作一个变量，那么这个变量服从高斯分布或近似高斯分布，根据 SONG X. C. 等人的观点[124]，提出一种丢包行为符合高斯分布的丢包率分析方案。

本章考虑节点的转发包行为，假设节点 j 是节点 i 的邻居节点，节点 i 通过监控其邻居节点 j 的转发包行为，得到丢包率 $TP_{ij}(t)$。如果在 t 时间段内节点 j 共需要转发 $m+n$ 次数据包，其中有 m 次成功，n 次失败，则近似认为节点 j 的丢包率在[0,1]上服从 $N\left(\frac{m}{m+n}, \frac{mn}{(m+n)^2}\right)$，假设初始数据包转发成功和失败的次数均为 0.5，节点的初始丢包率认为服从 $N(0.5, 0.5^2)$ 的分布规律。

考虑到贝叶斯定理的主要内容是，当不能确定某一个事件发生的概率时，可以依靠与该事件本质属性相关的事件发生的概率去推测该事件发生的概率，为此，这里引入贝叶斯定理获取节点丢包率。假设节点 i 监测到节点 j 的丢包率满足高斯分布 $p(X_{ij}|\mu_j)\sim N(\mu_j,\sigma_j^2)$，其中均值 μ_j 的先验概率满足 $p(\mu_j)\sim N(v,u^2)$，现有经历 t 个时间段的丢包率样本集合 $D=\{(X_{ij})_1,(X_{ij})_2,\cdots,(X_{ij})_t\}$，根据高斯分布均值的贝叶斯估计过程，用样本信息 D 去更新丢包率均值 μ_j 的概率，即

$$\begin{aligned}p(\mu_j\mid D)&=\frac{p(D\mid\mu_j)\cdot p(\mu_j)}{p(D)}\\&=\alpha\cdot\prod_{n=1}^{t}p((X_{ij})_n\mid\mu_j)\cdot p(\mu_j)\\&=\alpha''\exp\left\{-\frac{1}{2}\left[\left(\frac{t}{\sigma_j^2}+\frac{1}{u^2}\right)\mu_j^2-2\left(\frac{1}{\sigma_j^2}\sum_{n=1}^{t}(X_{ij})_n+\frac{v}{u^2}\right)\mu_j\right]\right\}\end{aligned}\tag{6-13}$$

式中：

$\alpha=\dfrac{1}{p(D)}=\dfrac{1}{\int p(D|\mu_j)p(\mu_j)\,\mathrm{d}\mu_j}$ 与 μ_j 和 X_{ij} 无关，为常量；$\alpha'=\dfrac{\alpha}{(\sqrt{2\pi}\sigma_j)^t\sqrt{2\pi}u}$；$\alpha''=\alpha'\exp\left[-\dfrac{1}{2}\left(\dfrac{1}{\sigma_j^2}\sum_{n=1}^{t}(X_{ij})_n^2+\dfrac{1}{u^2}v^2\right)\right]$。由式(6-13)可以看出，$p(\mu_j|D)$ 是 μ_j 的二次函数的指数函数，因此 $p(\mu_j|D)$ 满足高斯分布，令 $p(\mu_j|D)\sim N(\mu_j',\sigma_j'^2)$，有

$$p(\mu_j\mid D)=\frac{1}{\sqrt{2\pi}\sigma_j'}\exp\left[-\frac{1}{2}\left(\frac{\mu_j-\mu_j'}{\alpha_j'}\right)^2\right]\tag{6-14}$$

比较式(6-13)和式(6-14)可得

$$\begin{cases}\mu'_j=\dfrac{\dfrac{t}{\sigma_j^2}\bar{X}+\dfrac{v}{u^2}}{\dfrac{t}{\sigma_j^2}+\dfrac{1}{u^2}}\\[2ex]\sigma'_j=\dfrac{1}{\dfrac{t}{\sigma_j^2}+\dfrac{1}{u^2}}\end{cases}\tag{6-15}$$

式中：

$\bar{X}$——X 的均值,$\bar{X}=\frac{1}{t}\sum_{n=1}^{t}(X_{ij})_t$。对于节点丢包率用该属性的均值表示,即节点 i 检测到节点 j 的丢包率 $TP_{ij}(t)=\mu_j$。

基于上述三种属性,下面给出多属性决策模型的建立过程。在建模前,节点要构建网络的前向邻居列表,列表的建立是基于节点的最小跳数,对于网络中任意节点 j 构成的前向邻居列表为$(N_1,N_2,N_3,\cdots,N_m)$,此时节点的路由选择有 m 种方案,每一种方案的属性集为 $P_i=(P_{i1},P_{i2},\cdots,P_{il})$,共有 l 种属性,将所有属性分成两大类:成本型属性和效益型属性,成本性属性是指节点的决策值随着属性的增加而减小,而效益型属性是指节点的决策值随着属性的增加而增加,本次多属性决策模型主要包含三种属性,其中负载、丢包率为成本型属性,能量传输效率为效益型属性。由于各属性的数量级和量纲不同,在建立模型前,要对各属性做统一规范处理,得到评价矩阵 $P=P_{ik(m\times l)}$,具体步骤如下:

① 首先确定节点属性的理想值和负理想值,属性理想值和负理想值分别表示所有节点当前属性的最优值和最差值,对于节点任意属性 $k(k=1,2,3,\cdots,l)$的理想值 $P_k{}^*$ 和负理想值 $P_k{}^\sim$ 的计算方式如下:

$$P_k{}^*=\min(P_{ik}),P_k{}^\sim=\max(P_{ik}),k\in U_1 \tag{6-16}$$

$$P_k{}^*=\max(P_{ik}),P_k{}^\sim=\min(P_{ik}),k\in U_2 \tag{6-17}$$

式中:

U_1——成本型属性的集合;

U_2——效益型属性的集合。

② 其次是根据不同属性建立统一规范的评价矩阵,这里主要是对负载、能量传输效率和丢包率三种属性($m=3$)进行处理,得到评价矩阵 $\boldsymbol{A}$:

$$\boldsymbol{A}=\begin{bmatrix} p_{11} & p_{12} & \cdots & p_{1l} \\ p_{21} & p_{22} & \cdots & p_{2l} \\ \vdots & \vdots & & \vdots \\ p_{m1} & p_{m2} & \cdots & p_{ml} \end{bmatrix} \tag{6-18}$$

式中:

$p_{ik}=\dfrac{P_{ik}-P_k{}^\sim}{P_k{}^*-P_k{}^\sim}$。

节点得到评价矩阵后,节点选择最优的前向邻居转发数据所依据的决

策模型为

$$\max D_i = \sum_{k=1}^{l} \lambda_k p_{ik}, i = 1,2,3,\cdots,m \tag{6-19}$$

式中：

$(\lambda_1,\lambda_2,\lambda_3,\cdots,\lambda_m)$——$l$ 种属性在决策模型中的综合权重，满足

$$\sum_{k=1}^{l} \lambda_k = 1(k = 1,2,3,\cdots,l), \lambda_k \geqslant 0。$$

6.2.2 多属性决策模型的权重确定

在式(6-19)中，节点的决策模型不仅包含每个属性值，还包含各个属性在模型中的权重，本方法采用相对熵理论来获取属性权重。由信息理论可知，相对熵是描述两个系统差异化的一种方法，将节点抽象为一个系统，每个节点的属性表示系统不同构成，因此，节点 A 和节点 B 的相对熵为

$$C = \sum_{i=1}^{N} \left\{A_i \log \frac{A_i}{B_i} + (1 - A_i) \log \frac{1 - A_i}{1 - B_i}\right\} \tag{6-20}$$

式中：

A_i——节点 A 的 i 属性值；

B_i——节点 B 的 i 属性值。

相对熵 C 越小表明两个节点在该属性上的差别越小。根据相对熵的定义，可求出 $s_k{}^*$ 和 $s_k{}^-$，其中 $s_k{}^*$ 和 $s_k{}^-$ 分别为第 k 项属性与其理想值 $P_k{}^*$ 和负理想值 $P_k{}^-$ 的相对熵：

$$s_k{}^* = \sum_{i=1}^{m} \left\{p_k{}^* \log \frac{p_k{}^*}{p_{ik}} + (1 - p_k{}^*) \log \frac{1 - p_k{}^*}{1 - p_{ik}}\right\} \tag{6-21}$$

$$s_k{}^- = \sum_{i=1}^{m} \left\{p_k{}^- \log \frac{p_k{}^-}{p_{ik}} + (1 - p_k{}^-) \log \frac{1 - p_k{}^-}{1 - p_{ik}}\right\} \tag{6-22}$$

式中：

$s_k{}^* \geqslant 0$（$s_k{}^* = 0$，当且仅当 $p_k{}^* = p_{ik}, i = 1,2,3,\cdots,m$）；

$s_k{}^- \geqslant 0$（$s_k{}^- = 0$，当且仅当 $p_k{}^- = p_{ik}, i = 1,2,3,\cdots,m$）。

由 $s_k{}^*$ 和 $s_k{}^-$ 得出属性 k 关于理想值的相对贴近度 c_k：

$$c_k = \frac{s_k{}^-}{s_k{}^* + s_k{}^-}, k = 1,2,3,\cdots,l \tag{6-23}$$

当 $s_k{}^* \to 0$ 时，$c_k \to 1$，表明所有节点的该属性值越接近于理想值，不同节

点之间该属性的差异越小，相应对决策所起的作用也越小，故在进行方案选择时，几乎可以不考虑该属性对于节点的影响，该属性在决策模型中的综合权值也应越小，因此，属性的相对贴近度越大，该属性在决策模型中的综合权重越小。当 $s_k^*=0$ 时，$c_k=1$，此时 m 种方案的 k 属性都等于最优值，所有方案的 k 属性没有差异，对决策所起的作用为 0，k 属性在决策模型中的综合权值 $\lambda_k=0$，再结合各属性在决策模型中综合权重的约束条件（式(6-19)）的要求 $\sum_{k=1}^{l}\lambda_k=1,\lambda_k\geqslant 0(k=1,2,3,\cdots,l)$，根据各属性的相对贴近度计算各属性在决策模型中综合权重可表示为

$$\lambda_k=\frac{1-c_k}{\sum_{k=1}^{l}(1-c_k)} \tag{6-24}$$

满足 $0\leqslant\lambda_k\leqslant 1,\sum_{k=1}^{l}\lambda_k=1$。

考虑到负载 $L_j(t)$、能量传输效率 $E_{ij}(t)$、丢包率 $TP_{ij}(t)$ 三种属性，分别将权值带入式(6-19)，可以得到多属性决策模型：

$$\max D_i=\lambda_1 EF_j(t)+\lambda_2 L_j(t)+\lambda_3 TP_{ij}(t),i=1,2,3,\cdots,m \tag{6-25}$$

多属性决策模型的建立考虑节点负载、能量传输效率、丢包率三种属性因子，结合相对熵，有效分配属性因子在模型中的权重，对无标度拓扑中节点的传输性能进行综合评价。该模型一方面可以衡量选择性转发攻击对网络的影响，另一方面可以有效反映节点的能量状态，节点根据多属性决策模型选择路由，有效解决了 WSNs 无标度拓扑能量性能和安全性能难以兼顾的问题。

6.3　基于无标度容错拓扑的多属性决策安全路由方法

本章提出基于无标度拓扑的无线传感器网络多属性决策安全路由方法，接下来对方法流程进行详细描述，并对方法复杂度进行分析。

MPSR 方法整个流程分为三个阶段，分别为网络初始化阶段、路由建立阶段、路由更新阶段。

(1) 网络初始化阶段

在网络拓扑搭建完成后，首先构建节点的前向邻居列表，前向邻居是指节点的前一跳邻居节点。网络基于节点间的问答机制确定跳数，在网络中的所有节点确定自身跳数后，再以最大通信半径向其邻节点发送路由请求，路由请求包里包含节点的跳数信息，邻节点在收到其他节点发送的路由请求后，根据自身跳数，判断是否为其前向邻居，如果是其前向邻居节点，则回复相应的信息包，包含自身的 ID 号、能量传输效率、丢包率、负载等信息，通过一次的信息交换，每个节点可建立起自身的前向邻居列表(见表 6-1)。

表 6-1　前向邻居信息表

$ID(j)$	$Hop(j)$	$TP_{ij}(t)$	$EF_j(t)$	$L_j(t)$	SI	$MAC_K\langle B,I\rangle\{EF_j(j),TP_{ij}(t),L_j(t)\}$

任意节点 i 都维护一个前向邻居信息表，里面包含所有前向邻居的信息，其中包含前向邻居节点 j 自身 ID、节点 j 到基站的最小跳数、节点 j 的丢包率 $TP_{ij}(t)$、能量传输效率 $EF_j(t)$、负载 $L_j(t)$、状态标志位 SI、$MAC_K\langle B,I\rangle\{EF_j(j),TP_{ij}(t),L_j(t)\}$ 是对 $\{EF_j(j),TP_{ij}(t),L_j(t)\}$ 这三个字段的摘要。节点 i 在部署前就与基站共享密钥 $K\langle B,I\rangle$，防止数据包被篡改，其中，状态标志位 SI 有“0”和“1”两种状态，“0”代表恶意节点，“1”代表正常节点，所有节点初始状态都为“1”。

(2) 路由建立阶段

任意节点 i 在转发数据之前，首先查看自身的前向邻居信息列表中各邻居节点的属性值 $TP_{ij}(t)$、$EF_j(t)$、$L_j(t)$ 和状态标志位 SI，如果状态标志位为“1”，则根据邻居节点的属性值，建立评价矩阵 $\boldsymbol{A}$，计算理想值的相对熵和负理想值的相对熵，并计算相对贴近度得出各个属性的权重 λ_k，进而根据式(6-25)计算邻居节点的决策值 D_j，节点通过比较决策值的大小，选择最优的邻居节点进行数据转发。

(3) 路由更新阶段

网络中的节点每隔一段时间 T 会重新计算其前向邻居列表中节点的属性值，之后就要进入转发节点调整阶段，在这里时间周期 T 根据实际应用情况而定。在网络进行一段时间的数据包发送后，为了能使数据包安全到达基站，希望高丢包率的节点退出数据转发。因此方法中设定当节点丢包率高于阈值 TP_{th} 时，该节点退出数据包转发工作，其中阈值 TP_{th} 为网络能够容忍的最高丢包率，由基站根据应用预先设定。该阶段的具体更新过程为：当节点 j 的 $TP(j)\geqslant TP_{th}$，节点 i 监测到其前向邻居节点 j 的丢包率超出正常阈值后，更新其前向邻居信息列表，此时，该节点的状态标志位更新为“0”，从

此不参与数据包的转发工作。

采用此种方式，实现了路由的局部动态调整，能够及时地建立新的数据传输路径，保证了数据包传输的成功率，并在一定程度上均衡了网络的能量和负载，能更好地适应高效可靠传输的应用需求。

复杂度是评价一个方法性能优劣的关键要素，复杂度过大，对于网络来说负担很大，严重影响网络生命周期，下面通过分析路由方法 MPSR 程序的各阶段来探究其复杂度(见图 6-2)。

```
INPUT: The scale-free networks with n nodes.
OUTPUT: Network routing result.
for ( each node i) do
    calculate node Hop(i) to the base station, and send routing request information
        while ( receive routing request from j) do
            if ( Hop(i) = Hop(j)+1) do
                answer information include ID(i), Hop(i), TP_ji(t), EF_i(t), L_i(t), SI and MAC_K<B,t>
                while ( receive answer from j) do
                    insert a new line into the list of forward neighbors
                    get the dimensionless evaluation matrix A, calculate the ideal value relative entropy s_k^* and negative ideal relative entropy s_k^- for each attributes, then calculate the relative affinity c_k of attributes and attribute weight λ_k
                end while
            end if
        end while
    compare the decision value D_i in the list of forward neighbors, decide the next hop routing node
```

图 6-2　MPSR 程序

从 MPSR 程序的各阶段来看，其复杂度主要取决于路由建立阶段，即计算每个属性的理想值的相对熵以及对于节点间决策值的比较。在计算理想值的相对熵时，时间复杂度随着前向邻居节点的个数 n 变化而变化，其时间复杂度为 $O(n\log n)$，同样，节点间决策值若采用快速排序算法，时间复杂度为 $O(n\log n)$，因此，本章提出的基于多属性决策模型的 MPSR 方法的时间复杂度为 $O(n\log n)$。

6.4 仿真实验与性能评价

本章用 MATLAB 仿真来验证 MPSR 方法的可行性，通过与 TESRP[120]、OCRA[125]进行比较，从节点数据包传输成功率、节点能量传输效率标准差和网络生命期三方面来验证 MPSR 方法的有效性。OCRA 方法的整体思想是通过调节网络的异质性来提高网络的攻击能力，在保证网络节点度服从幂律分布的情况下，使网络负载分布尽量均匀化，本次仿真基于同一种拓扑模型，通过在路径中改变网络特征参数，来进行仿真分析。与此同时，TESRP 方法考虑节点丢包率、能量和时延三种属性，属性之间采用平均加权和来建立信任模型，通过设计进行路由决策，两种对比方法是针对选择性转发攻击有效解决方案，故以此为对比。仿真环境如表 6-2 所示。

表 6-2 仿真环境

参数	取值(单位)
节点个数(N)	400
恶意节点数(i)	15
节点圆域半径(r)	800 m
节点最大传输半径(c)	250 m
初始能量(E)	2 J
初始丢包率(T)	(0,0.1)
单位能耗	0.01 J/bit
节点平均度$\langle k \rangle$	5
幂律指数(γ)	3
恶意节点丢包率	0.8

实验一 节点丢包率

节点的丢包率可以反映该方法是否能有效地避免选择性转发攻击，数据包能否安全地到达基站。在本次仿真实验中，随机选择 50 个节点(标记为方框)作为发送节点，恶意节点不作为发送节点。图中“ * ”代表恶意节点，“ · ”代表普通节点，计算网络中节点决策模型，运行本章 MPSR 方法，可以得到发送节点到基站的路由分布，如图 6-3 所示。从图 6-3 可以直观看出，节点基于多属性决策模型进行路由选择时，可有效地避开了恶意节点。

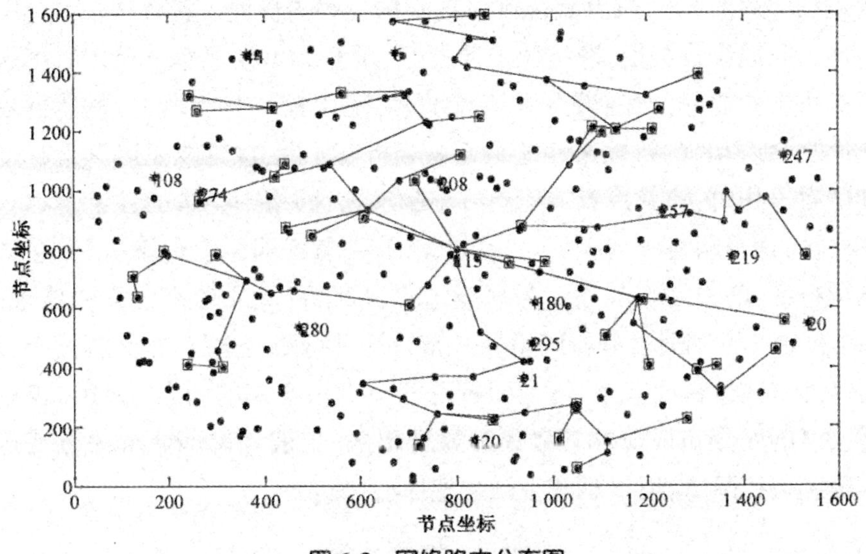

图 6-3　网络路由分布图

下面进一步给出 MPSR、OCRA 和 TESRP 方法的数据包传输成功率随恶意节点占有率变化的关系对比图，如图 6-4 所示。

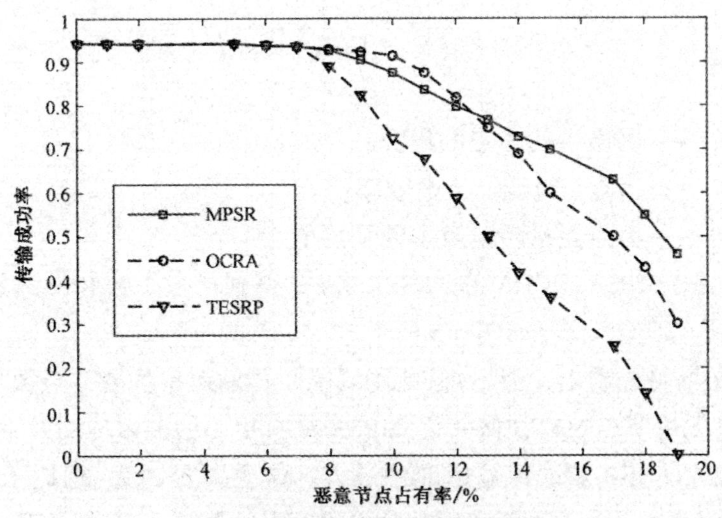

图 6-4　数据包传输成功率对比图

从图 6-4 可以看出，三种方法的网络数据包传输成功率均随恶意节点占有率的增加而降低。在恶意节点比例较低时，三种方法传输成功率最高且基本一致，然随着恶意节点占有率的增大，当恶意节点占有率达到 7%左右时，MPSR 和 OCRA 的变化趋势相近，TESRP 传输成功率开始有明显下降，进一步随着恶意节点占有率的增加，在恶意节点占有率达到 13%，MPSR 的传输成功率逐渐高于 OCRA，表现出更好的抗攻击性能。从整体上看，MPSR 的整体下降趋势较缓慢，网络稳定性较好，而 OCRA 在恶意节点占有率较低时其抗攻击性能好，但随着恶意节点增多，变化幅度有所增大，整体抗攻击性能次之，TESRP 的抗攻击性能最低。分析其原因，这主要是因为无标度网络度分布不均匀，随着恶意节点占有率的增加，网络中少量的关键节点也会受到攻击，这对网络影响较大，TESRP 仅单一考虑网络丢包率，没有兼顾网络结构特征，随着关键节点变为恶意节点，网络传输成功率会大幅度下降。MPSR 和 OCRA 都通过分析网络度分布特征进行路径选择，很大程度上提高了网络的整体传输成功率，但是随着恶意节点占有率的增大，OCRA 仅单一分析网络的度分布特征的劣势逐渐显现出来，也就是说即使对关键节点的重要程度进行降低，也很难减小网络整体的丢包率。

实验二　能量均衡

能量传输效率标准差可以反映节点间能量偏差情况，节点能量传输效率的标准差 ε_E 的计算公式如下：

$$\varepsilon_E = \sqrt{E\{[E_i - E(E_i)]^2\}}, i \in n \tag{6-26}$$

式中：

n ——网络中的节点的集合；

E_i ——节点 i 的能量传输效率；

$E(E_i)$ ——节点能量传输效率的平均值。

分别运行 MPSR、OCRA 和 TESPR 方法，得到节点个数和网络能量传输效率标准差的变化曲线，如图 6-5 所示。

从图 6-5 可以看出，三种方法的网络能量传输效率均随节点数目的增加而降低，且无论节点规模如何变化，MPSR 具有更小的能量传输效率标准差，OCRA 次之，TESRP 能量传输标准差最大。这主要是因为，相比于 TESRP，MPSR 和 OCRA 在构建决策模型时考虑了网络结构特点，MPSR 基于节点负载进行路径选择，使得网络负载更好地均匀分配，而 OCRA 通过优化网络度分布参数，使得节点度在满足幂律分布的前提下尽量均匀分布，都在一定程度上避免了网络中关键节点的过分消耗。对比 OCRA，MPSR 在考虑节点负载的同时，还将能量传输效率属性直接引入路由决策，进一步均衡了网络能耗，减小了网络能量传输效率标准差。

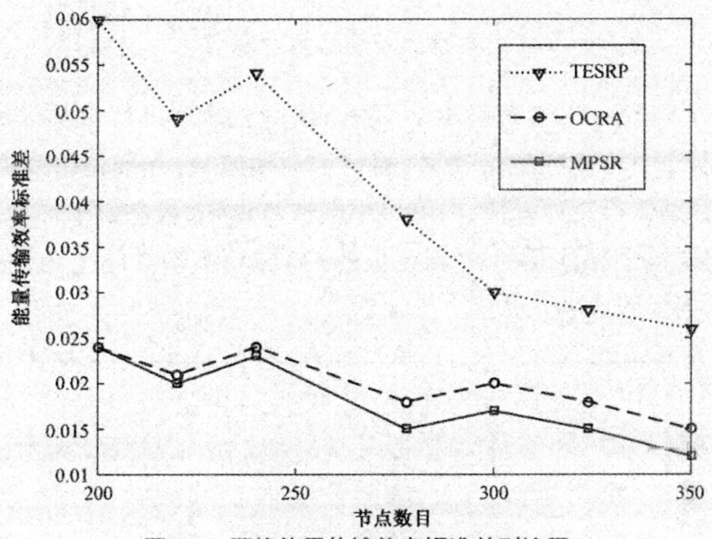

图 6-5 网络能量传输效率标准差对比图

为了进一步说明 MPSR 方法的能量均衡特性,对于网络节点剩余能量进行仿真分析,得到网络经过多轮的数据包发送后节点剩余能量的分布图,如图 6-6 所示,我们可以直观看出,绝大多数节点能量分布在(0.5,0.7)之间,进一步说明网络整体能量均衡性能优良,而存在极个别的节点能量消耗明显,这是由于节点根据基于跳数的前向邻居进行路由选择,没有考虑到网络的全局特征,会导致部分节点过分消耗。

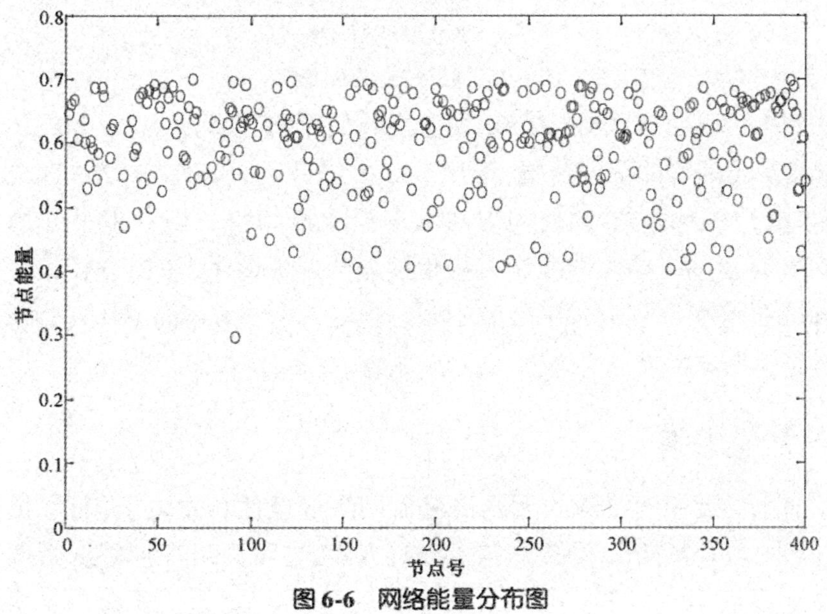

图 6-6 网络能量分布图

实验三　网络生命期

分别对 MPSR、TESRP、OCRA 三种方法的生命期进行仿真对比，网络生命期是指网络中首节点能量耗尽，网络生命期越长，代表网络负载越均衡。本次仿真分别运行三种方法，向网络中发送数据包，检测每个节点的能量消耗情况，记录每个方法第一次节点失效的时间，将该时间记为网络生命周期，仿真结果如图 6-7 所示。

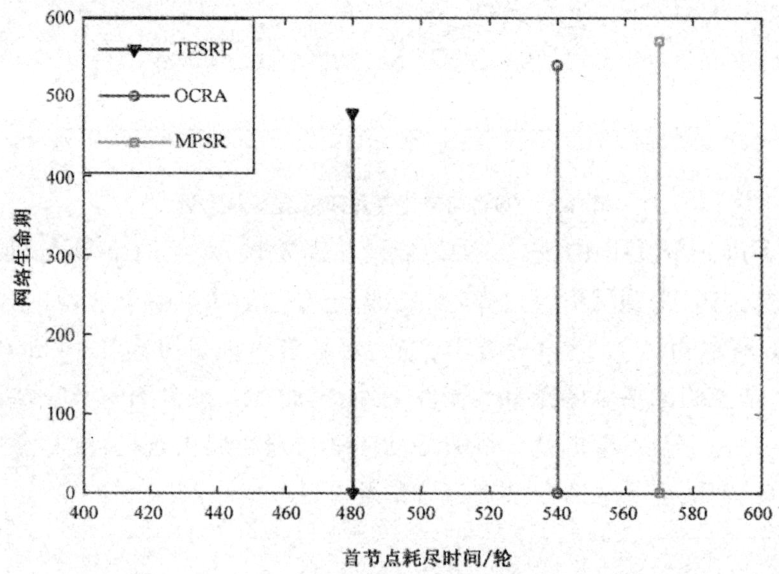

图 6-7　网络生命期对比图

从图上可以明显看出，MPSR 拥有更长的网络生命期，其中 MPSR 能完成 570 轮数据的可靠交换传输，相比 OCRA 提升了 30 轮左右，比 TESRP 提升了 90 轮左右，此结果和前面方法的理论分析相符。相对于另外两种方法，MPSR 考虑网络结构特征作为构建模型的属性因子，使拥有较长生命期的节点被选择为下一跳路由节点的概率增大，有效地均衡了网络负载，延长了网络生命期。

6.5　本章小结

针对基于无标度结构的无线传感器网络选择性转发攻击问题，提出一种丢包行为符合高斯分布的丢包率分析方案，进而给出一种基于多属性决策的安全路由方法 MPSR。MPSR 方法分析网络结构特性，通过定义多种属性因子来建立决策模型，有效平衡了无标度网络能耗和安全不能兼顾的问题，可以在一定程度上规避恶意节点，同时避免节点拥堵及过早能量耗尽的弊端。通过仿真验证，与 TESRP 和 OCRA 在网络能耗、生命期和网络数据传输成功率性能方面进行比较，仿真结果表明了 MPSR 方法在规避恶意节点和均衡网络能量方面具有明显的优势。

第7章　选择性转发攻击下的分布式自适应安全路由方法研究

本章对选择性转发攻击下的无标度网络抗级联失效性能进行研究，提出一种分布式自适应路由方法，该方法将数据信息分为 k 片处理，由数据可恢复性、节点容量有限以及节点实时负载率的大小自适应确定碎片数 k 的取值，并以生成的 k 值作为多项式的系数，依据多项式原理生成 n 个新的冗余片段，最后将新生成的 n 个数据片段通过所选路径逐次向目的节点路由。仿真结果表明，该路由方法不受无标度网络不相交路径数量限制，能很好地恢复原始数据信息，有效抵御选择性转发攻击，而且有助于实现负载合理分配，从而防止触发网络的大规模级联失效现象。

7.1　概述

针对网络中存在的选择性转发攻击问题的研究，通过恶意节点检测并隔离、恶意节点丢弃数据包冗余恢复的方法，使得选择性转发攻击问题在一定程度上得到了很好的解决。但是，这些研究工作着重于研究选择性转发攻击问题的同时忽略了对网络负载性能的影响。事实上，网络中的选择性转发攻击问题会引起网络负载的变化，改变网络的负载分配，进而影响网络结构的鲁棒性，如抗级联失效性能。现有的针对无标度网络级联失效问题的研究，从攻击性质、网络结构和路由策略等方面考虑，在一定程度上降低了网络级联失效的恶劣影响，提高了网络抗攻击的鲁棒性。但是，这些将受到攻击的节点或边作为引发网络级联失效的源节点或边的研究工作，只是在级联失效的诱因上考虑了网络外部的蓄意攻击行为，而在整个网络的运行过程和级联失效的整个传播过程中没有再考虑网络内部攻击行为的影响。值得注意的是，网络内部恶意节点的攻击行为(如选择性转发攻击)，通过对信息传输机制的破坏，不仅会影响网络的正常工作，还会改变网络信息的流向，进而影响网络级联失效性能的分析。因此，对于内部存在恶意攻击情况的无标度网络级联失效问题需深入研究。

对于选择性转发攻击下的无标度网络级联失效影响我们开展了相关实验研究，网络中的恶意节点存在不正常丢包现象，会造成一些信息的丢失。一般来说，恶意节点对于网络来说是不好的存在，但这种恶意节点的丢包会减轻自身的负载，进而减少自身过载失效的可能性，因此，恶意节点的存在对于级联失效现象来说，可以起到减缓作用。

用正常节点和恶意节点在同一环境下进行对比试验，初始用协调器来组成一个拥有四个子节点的网络。如图 7-1 所示，图 7-1(a)为正常节点的初始状态，协调器连接四个子节点，均正常工作。图 7-1(b)为恶意节点的初始状态，恶意协调节点因恶意行为丢弃了两个子节点，所以协调器只有两个子节点正常工作。此时向两个网络中分别加入三个新的子节点，达到主动攻击的目的。图 7-1(c)和图 7-1(d)分别为正常协调节点和恶意协调节点被攻击后的状态，正常协调节点被主动攻击后发生过载，最终造成网络瘫痪；恶意协调节点并没有被主动攻击影响，网络中所有节点均正常工作。由此可见，恶意节点存在对网络的级联失效有明显的影响。

因此，为提高网络抵御选择性转发攻击能力和网络抗级联失效的鲁棒性，本章提出了一种面向选择性转发攻击的无标度网络分布式自适应安全路由方法。该方法基于多项式原理，将数据包合理切分并适量增加冗余，采取分片多路径逐次路由方式将数据完整发送到目的节点。通过仿真验证，该路由方法能够有效抵御选择性转发攻击和实现负载合理分配，避免网络中因负载量分布不均而导致级联失效鲁棒性降低。

(a) 正常节点初始状态

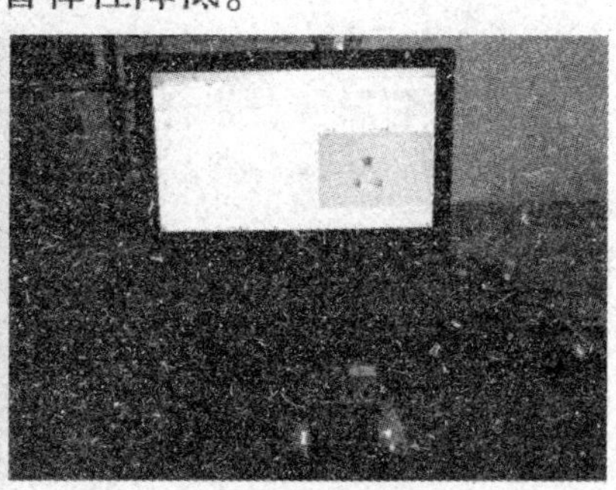

(b) 恶意节点初始状态

(c) 正常节点被攻击后的状态

(d) 恶意节点被攻击后的状态

图 7-1 主动攻击下的正常节点与恶意节点状态对比

7.2 选择性转发攻击模型

在选择性转发攻击中，攻击者有选择地恶意丢弃数据包，会破坏网络信息的完整性，建立选择性转发攻击性模型需要解决两个问题：(1) 度量恶意节点攻击的选择性行为；(2) 度量恶意节点丢失的数据信息量。

(1) 恶意节点攻击的选择性行为：考虑节点的度作为节点重要度的评估指标，同时考虑到恶意节点不只对单一节点发动攻击，任何节点向恶意节点发送数据均可能受到恶意攻击。假设已知网络规模 N 和恶意节点数量 M，当节点 h 向节点 f 传输数据时，节点 h 被节点 f 攻击的概率为

$$P_{hf} = P_f^E \cdot P_h = \frac{M}{N} \cdot \frac{k_h}{\sum_{j \in \varphi_f} k_j} \tag{7-1}$$

式中：

P_f^E ——节点 f 是恶意节点的概率；

P_h ——节点 h 被恶意节点 f 攻击的概率；

k_j ——节点 j 的度；

φ_f ——f 的邻居节点集合。

(2) 恶意节点发动攻击，会选择性丢弃数据包，因此用攻击强度 θ 来表示恶意节点丢失数据包的多少，即

$$\theta = \frac{D_{hf}}{L_{hf}} \tag{7-2}$$

式中：

L_{hf} ——节点 h 向节点 f 发送的需节点 f 转发的数据包数；

D_{hf}——恶意节点 f 丢弃的来自节点 h 需其转发的数据包数量。

具体的选择性转发攻击过程如图 7-2 所示。

在图 7-2 中,"○"表示恶意节点,"●"表示非恶意节点;单向箭头表示数据的传输方向。初始各源节点(节点 1、2、4 和 8)分别发送 2 个数据包沿路由路径传输,图中的箭头构成四条数据传输路径,各路径表示见表 7-1。

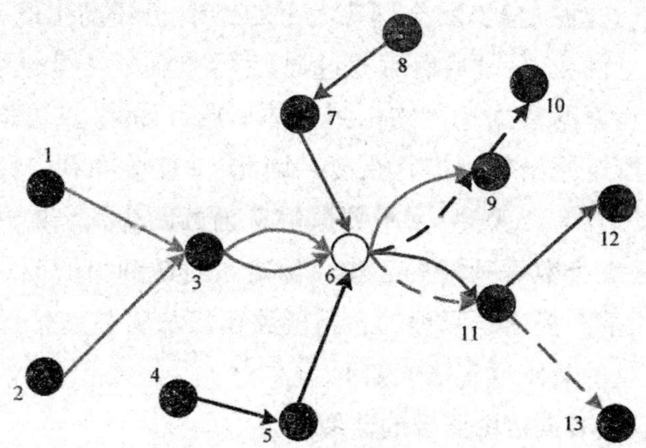

图 7-2　选择性转发攻击示意图

表 7-1　数据传输路径

路径	路线
l_1	1→3→6→9
l_2	2→3→6→11→13
l_3	4→5→6→9→10
l_4	8→7→6→11→12

由表 7-1 可知,路径 l_1 和 l_2 共同经过含有恶意节点的链路 3→6,l_3 和 l_4 分别经过含有恶意节点的链路 5→6 和 7→6。因此,节点 3、5 和 7 均有被恶意节点攻击的可能性,假设恶意节点以攻击强度 0.5 对节点 3 和节点 5 发动攻击,则恶意节点丢弃的来自节点 3 的数据包数为(2+2)×0.5=2。若丢失的两个数据包来自同一源节点,则整个传输路径 l_1 或路径 l_2 没有数据的缺失;若丢失的两个数据包来自不同的源节点,则传输路径 l_1 或路径 l_2 均有数据的缺失。同理,恶意节点丢弃的来自节点 5 的数据包数为 2×0.5=1,路径 l_3 也有数据的缺失;对于节点 7,假设本次传输未被恶意节点攻击,则恶意节点正常转发来自节点 7 的数据包,所以整个传输路径 l_4 没有数据的缺失。

7.3 基于多项式原理的分布式自适应路由方法

为了抵御选择性转发攻击造成的有效数据的缺失和提高网络抵御级联失效的能力，本章基于多项式原理提出了一个分布式自适应路由方法，可以在不受网络不相交路径数量限制的情况下，自适应地将源节点上原本需路由的数据信息切分成 $k(k \geqslant 2)$ 个同等大小的碎片，并重新生成 $n(n \geqslant k)$ 个新的携带碎片信息的数据片段，然后通过源-目的节点对之间的路由成功概率较高的路径集将新的数据片段路由到目的节点，目的节点可根据收到的任意 k 个数据片段对原始数据进行恢复。因此，即使分布在各路经集上的部分数据片段被恶意节点丢弃，原始数据信息也可以从其余的冗余片段来恢复，即可容忍 $n-k$ 个数据片段的丢失。给定一对源和目的节点及需路由的数据信息，使用基于多项式原理的自适应路由方法将数据信息完整(可靠)传输到目的节点的具体过程描述如下。

7.3.1 源到目的节点路由路径的选取

在本节的工作中，首先依据最短路径路由算法得到源到目的节点的不相交的最短路径集 S，并计算各最短路径的路由成功概率，然后以 S 中路径路由成功概率的最大值为基准，选择具有较大路由成功概率的路径集作为路由路径。该方案能够在路由不受路径数量限制的情况下保证至少有一条路径可以用来传递信息。

数据信息成功发送到目的节点当且仅当数据信息在传送的路径上没有恶意节点丢掉该数据信息。根据选择性转发攻击模型，可得到源节点将任意一个数据信息通过路径 l 成功路由到目的节点的概率 P_l 为

$$P_l = \prod_{h,f \in l} (1 - P_{hf}), l \in S \tag{7-3}$$

式中：

l——源节点 r 到目的节点 d 的最短路径；

S——源到目的节点的不相交的最短路径集合。

值得注意的是，根据选择性转发攻击的行为特点，恶意节点作为目的节点时不具有攻击性，因此在式(7-3)中有 $f \neq d$。

为提高数据信息的路由成功率，应选择具有较大路由成功概率的路径集作为路由路径，被选取的路径路由成功概率 P_l 应满足：

$$P_l \geqslant P_S^{\max} - P_c, l \in S \tag{7-4}$$

式中：

P_c ——一个可调概率参数，$P_c>0$，可以保证数据信息有路径可路由的同时，调节各自情况下的路由路径数量；

$P_S^{\max}$ ——S 中路径的路由成功概率的最大值，$P_S^{\max}=\max\limits_{l\in S}\{P_l\}$。

7.3.2　基于多项式原理的分布式处理

为了提高选择性转发攻击下无标度网络的数据可恢复性和合理利用路由路径（网络中节点资源），本章根据所选路由路径中节点的实时负载率的大小自适应地将需路由的数据信息分割成 k 个碎片，然后基于所选路径的路由成功概率和所选路径上节点的实时负载通过一个多项式将原始数据信息转为 n 个与碎片同等大小的数据片段，最后将新生成的 n 个数据片段通过所选路径逐次向目的节点路由。

(1) 碎片数 k 的确定

首先，为满足数据恢复的可行性，k 的值应满足基本条件：

$$k \geqslant 2 \tag{7-5}$$

其中，k 越小使得数据信息分割成的碎片大小值越大。而网络中节点的容量有限，因此，为了避免节点路由的负载过高，k 的取值还应满足条件：

$$\frac{m}{k} \leqslant \min\left\{\frac{C_i - L_i(t)}{k_i}\right\}, i \in l, l \in S^Y \tag{7-6}$$

式中：

m ——在 t 时刻源节点 r 原本需路由的数据信息的大小；

C_i ——节点 i 的容量，即节点 i 能够承受的最大负载量；

$L_i(t)$——节点 i 在时刻 t 的负载；

S^Y ——S 中满足式(7-4)的最短路径集合，即路由路径集合。

由式(7-5)和式(7-6)可知 k 有最小值 $k_{\min}$。

网络中节点的负载率越高，网络抵抗级联失效的能力越弱。为避免节点过载，保证网络正常运行，根据所选路由路径中节点的实时负载率的大小自适应地确定 k 的取值，缓解网络压力。节点的负载率、路由路径中节点的平均负载率和数据分片数 k 分别为

$$\sigma_i(t) = \frac{L_i(t)}{C_i} \tag{7-7}$$

$$\bar{\sigma}(t)=\frac{\sum_{i\in\varphi_{S^Y}}\sigma_i(t)}{G} \tag{7-8}$$

$$k=2k_{\min}-\left[k_{\min}{}^{1-\bar{\sigma}(t)}\right] \tag{7-9}$$

式中：

$\sigma_i(t)$——节点 i 的实时负载率；

φ_{S^Y}——S^Y 中所有路径上的不同节点集合；

G——S^Y 所有路径上的不同节点的个数；

k——源节点向目的节点路由的数据信息被切分成的碎片数量；

$\bar{\sigma}(t)$——当前时刻 S^Y 中的节点的平均负载率，k 值随 $\bar{\sigma}(t)$ 的变化而变化，$\bar{\sigma}(t)$ 越大 k 值越大，且 k 的取值不低于 $k_{\min}$，不大于 $2k_{\min}$。

(2) 多项式原理

为了减少选择性转发攻击造成的数据缺失，这里采用多项式原理将切分的 k 个信息碎片重新生成新的路由片段为

$$d_0+d_1x+\cdots+d_{k-1}x^{k-1}=f(x) \tag{7-10}$$

式中：

d_{k-1}——由源节点向目的节点路由的原始数据信息切分成的碎片，作为多项式的系数；

$f(x)$——需路由的原始数据信息经过多项式处理得到的新的数据片段。

特别注意的是：x 为一变量，新生成的 n 个数据片段需根据不同的变量 x 生成，且变量 x 被记录在数据片中，用以识别不同的数据片段信息。

(3) 新生成的数据片段数 n 的确定

在不考虑其他因素影响的情况下，基于多项式原理生成的 n 个路由数据片段，即使由于网络中恶意节点的攻击行为而丢失了 $n-k$ 个片段，目的节点也可以从收到的任意 k 个携带碎片信息的数据片段中恢复出原始数据。为了避免较多的冗余片段，根据切片数量 k、S^Y 中各路径的路由成功概率及各路径上节点状态，自适应生成数量为 n 的新的数据片段。

当 S^Y 中只有一条路由路径时，理论上为保证数据的可恢复性，应有

$$n\cdot P_l\geqslant k,l\in S^Y \tag{7-11}$$

式中：

n——原始数据信息经多项式处理后需生成的总的数据片数。

当 S^Y 中的路径数大于 1 时，在保证理论上数据可恢复性的同时，为避免个别的路由路径承担数据信息过多和合理利用网络节点资源，根据各路径上节点状态，自适应生成数量为 n 的新的数据片段，公式如下：

$$\sum_{l_z \in S^Y} n_{l_z} \cdot P_{l_z} \geqslant k, z = 1,2,\cdots \tag{7-12}$$

$$\sum_{l_z \in S^Y} n_{l_z} = n \tag{7-13}$$

$$n_{l_1} : n_{l_2} : \cdots : n_{l_z} = \min_{i \in l_1} \{ C_i - L_i(t) \} : \min_{i \in l_2} \{ C_i - L_i(t) \} : \cdots : \min_{i \in l_z} \{ C_i - L_i(t) \} \tag{7-14}$$

式中：

l_z ——S^Y 中第 z 条路径；

n_{l_z} ——在 S^Y 中第 z 条路径上应发送的数据片数，n_{l_z} 为整数；

P_{l_z} ——在 S^Y 中第 z 条路径的路由成功概率。

进一步由式(7-12)、(7-13)和(7-14)可得

$$n_{l_z} = n \cdot \frac{\min_{i \in l_z} \{ C_i - L_i(t) \}}{\sum_{l_a \in S^Y} \min_{i \in l_a} \{ C_i - L_i(t) \}} \tag{7-15}$$

$$n \geqslant k \frac{\sum_{l_a \in S^Y} \min_{i \in l_a} \{ C_i - L_i(t) \}}{\sum_{l_z \in S^Y} \min_{i \in l_z} \{ C_i - L_i(t) \} \cdot P_{l_z}} \tag{7-16}$$

根据式(7-11)和(7-16)可知，无论源-目的节点对间有几条可用路由路径，均存在 n 的值满足数据的可恢复性，本章 n 取理论最小值。

7.3.3　分布式自适应路由过程

对于任意的数据信息，经过基于多项式原理的自适应分布式处理后，将 n 个新生成的数据片段沿一条或多条不相交的可靠的最短路径路由，目的节点需至少收到 k 个携带碎片信息的数据片段才能恢复出原始信息。对于每一源-目的节点对之间的信息传输，因其路由路径及其所需发送的数据片段数不同，所以各目的节点有其各自相应的等待时间阈值。在等待时间阈值内，目的节点若已成功接收了 k 个来自同一源节点的新生成数据片段，则该源节点无需路由其余数据片段，否则 n 个新生成的数据片段均需路由。此外，当超出等待时间阈值时，若目的节点收到的来自同一源节点的新生成数

据片段数少于 k,则此源到目的节点传输数据信息失败。下面以图 7-3 为例,对分布式自适应路由过程进行介绍。

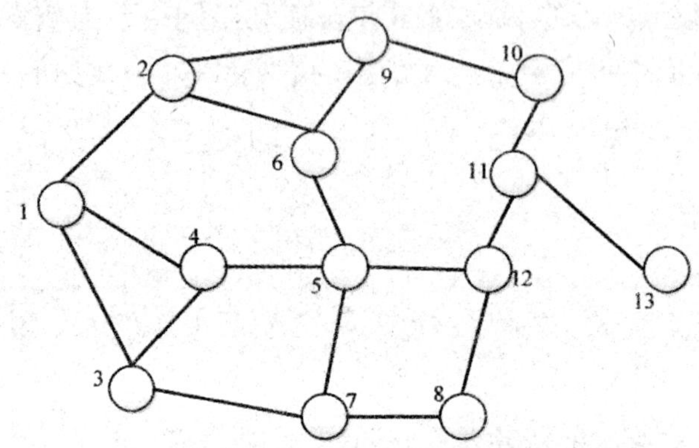

图 7-3 基于多项式原理的自适应路由过程示意图

如图 7-3 所示,假使源节点 1 和源节点 9 在 $t=1$ 时刻分别需要向目的节点 12 和 13 路由数据信息,经过数据包切片处理后,路由数据信息均被切分为 3 片;节点对(1,12)之间选取的路由路径有两条,分别为 l_1:1→4→5→12;l_2:1→3→7→8→12,两条路径上需路由的总的数据片段数 n 为 5,其中,路径 l_1 需路由的数据片段数 n_1 为 3,路径 l_2 需路由的数据片段数 n_2 为 2;节点对(9,13)之间有一条路由路径 l_3:9→10→11→13,需路由的数据片段数 n 为 4。根据自适应路由方法,两源-目的节点对之间数据片段的路由过程如表 7-2 所示,源节点 1 在 $t=1$ 和 $t=2$ 时刻均需路由两个数据片段,分别在路径 l_1 和路径 l_2 上各路由一个数据片段,在 $t=3$ 时刻只需在路径 l_1 上路由一个数据片段;而对于源节点 9,因为节点对(9,13)之间只有一条路由路径,所以源节点 9 从 $t=1$ 时刻开始,每时刻在路径 l_3 上路由一个数据片段。

表 7-2 源-目的节点间数据片段在 t 时刻的路由方式

源-目的节点对	路由路径	$t=1$	$t=2$	$t=3$	$t=4$
(1,12)	l_1	1	1	1	0
	l_2	1	1	0	0
(9,13)	l_3	1	1	1	1

以表 7-2 中节点对(1,12)为例,如果目的节点 12 在时刻 $t=15$ 接收到来自源节点 1 的第一个数据片段,设等待时间阈值为 5,在时刻 $t=20$ 内的任意时刻若接收到来自源节点 1 的 3 个数据片段,则源节点 1 路由的原始数据

可恢复,否则节点12需在时刻 $t=20$ 得出原始数据信息无法恢复的结论。

基于上述路由方法,我们根据各源-目的节点对之间的节点状态将数据包切分成 k 个同等大小的碎片,并基于多项式原理自适应地生成 n 个同等大小的携带碎片信息的数据片段,每个节点的数据包处理分为数据片段生成、数据片段传递和数据恢复三个部分。一旦数据片段到达目的节点,立即被存储在节点中用于原始信息恢复,当目的节点恢复出原始信息或得出原始信息不可以恢复后,立即将之前存储的相应的数据片段清除。

7.4　自适应路由方法的级联失效特性

通过增加冗余来恢复原始数据,能够抵御选择性转发攻击,但是网络冗余数据的增加会降低网络级联失效的抗毁性,本章所提出的基于多项式原理的分布式自适应路由方法在数据包路由中兼顾了节点容量有限、网络负载率过高会导致网络抗级联失效性能降低,以及合理分配网络资源避免个别路由路径承担的数据信息过多三方面因素,增强了网络抵御级联失效的鲁棒性。下面对自适应路由方法的级联特性进行建模,其级联失效特性分析结果将在仿真部分进行讨论。

本章着重探究路由方法对网络级联失效的影响,因此结合上述路由方式对节点负载的定义如下:

$$L_i(t)=S_{i.}(t)+J_{.i}(t)+Z_i(t) \tag{7-17}$$

式中:

$S_{i.}(t)$——节点 i 作为源节点在 t 时刻需向目的节点路由的数据片段之和;

$J_{.i}(t)$——节点 i 作为目的节点在 t 时刻其内存储的用于恢复原始信息的数据片段之和;

$Z_i(t)$——节点 i 在 t 时刻需转发的数据片段之和。

考虑到选择性转发攻击的恶意行为,$Z_i(t)$ 可表示为

$$Z_i(t)=\sum_{j\in\varphi_i^1}f_{ji}(t)+\sum_{j\in\varphi_i^2}f_{ji}(t)\cdot(1-\theta) \tag{7-18}$$

式中:

φ_i^1——未被恶意节点 i 攻击的有效邻居集合;

φ_i^2——被节点 i 攻击的有效邻居集合;

$f_{ji}(t)$——t 时刻节点 j 向邻居节点 i 转发的数据片段。

考虑到节点容量有限和节点所需承担的任务量不同,定义节点容量如下:

$$C_i = \beta \cdot k_i \cdot m \tag{7-19}$$

式中:

β——一个可调容量参数,控制节点容量的大小。

当网络中的节点因遭受蓄意攻击而失效后,不能再生成、接收和发送数据信息,它们将从网络中删除。节点失效后,使得原本需经过这些节点转发的数据信息需转由其有效邻居节点转发,使得这些邻居节点的负载增加。节点 i 在 t 时刻失效后,其有效邻居节点 j 增加的负载可表示为

$$\Delta_{ij} = \frac{C_j - L_j(t)}{\sum_{b \in \varphi_i} C_b - L_b(t)} Z_i(t) \tag{7-20}$$

式中:

Δ_{ij}——节点 j 在节点 i 失效后增加的负载量;

φ_i——节点 i 的有效邻居集合,$\varphi_i = \varphi_i^1 + \varphi_i^2$。

有效邻居节点 j 负载增加后更新为 $L_j^{\circ} = L_j(t) + \Delta_{ij}$。此时,若节点 j 因更新后的负载超过其容量($L_j^{\circ} > C_j$)而失效,就会引起节点 j 的邻居节点负载增加,进而可能导致其邻居节点失效。这个过程不断往复,产生大规模级联失效现象。

7.5 仿真实验与性能评价

本章将提出的自适应路由方法在基于 MATLAB 形成的 BA 无标度网络上进行仿真测试,网络节点总数为 50,网络参数如表 7-3 所示。网络初始没有负载,每单位时间从网络中随机选择一定比例的源-目节点对,每个源节点每时间步长生成大小为 m 的原始数据信息路由至目的节点。

表 7-3 MATLAB 中 BA 无标度网络参数设置(500 s)

网络参数	数值	网络参数	数值
网络区域(G/m^2)	160×160	源-目的节点间需路由的信息大小(m/Mbps)	1
通讯半径(d_{max}/m)	40	节点更新全局信息所用时间步长(t_c)	3
初始节点(m_0/个)	4	路由路径选取参数(P_c)	0.2
每次连接节点个数(m_1/个)	2	过载状态阈值(T_c)	3

(1) 网络性能评价指标

本章期望所提出的路由方法,既能通过增加冗余来恢复原始数据从而抵御选择性转发攻击,又能避免冗余量过多以致网络鲁棒性性能降低,因此使用以下四个性能指标来评估提出的路由方法。

恢复比率 H:是指在选择性转发攻击场景下,网络中的目的节点恢复出的原始数据信息次数与源节点发送数据信息总次数的比值。

平均端到端时延 T:网络中从源节点发送的数据信息成功到目的节点所用时间的平均值。

为了度量网络的鲁棒性,本章使用两个指标:级联故障达到稳定状态时的网络平均负载 L 和节点失效比率 V。其中,孤立节点也被统计为失效节点。

(2) 实验结果及分析

将所提出的自适应路由方法(DARM)的性能与局部拥塞感知路由策略(Local congestion-aware routing strategy,LCARS)[126]进行比较,LCARS 使用可靠的单路径路由来缓解网络拥塞,与 DARM 类似,其考虑网络节点容量和实时负载,通过使用具有可调参数的代价权值作为发包节点的下一跳节点选择参考指标,达到了提高网络应对蓄意攻击的鲁棒性的目的。

这节开展了两个实验研究。首先,为确保网络级联失效的初始触发条件完全是蓄意攻击(攻击前10%负载量大的节点)引起的,分析了源-目的节点对选择比例 γ 和容量参数 β 对两种路由方法下的网络性能的影响,并获取到了可以使两种路由方法下的网络处于自由流动状态(网络自身运行500时间步内,无失效节点产生)的一组 γ 和 β 参数。其次,基于这样一组参数设置,在网络运行至稳定状态时引入蓄意攻击,分析了恶意节点数量 M 及其攻击强度 θ 对两种路由方法下的网络的抗蓄意攻击性能。在实验中,网络初始均无负载,从0开始加载运行到稳定状态,在同一网络拓扑上对各参数进行了50次仿真实验,结果取得的是50次仿真结果的平均值。

实验一　源-目的节点对选择比例 γ 和容量参数 β 对两种路由方法下的网络性能的影响

(1) 源-目的节点对选择比例 γ 对网络性能的影响

γ 从0.1到0.6以0.1为步长,恶意节点数量 $M=3$,攻击强度 $\theta=0.5$,容量参数 $\beta=2$,仿真结果如图7-4所示。

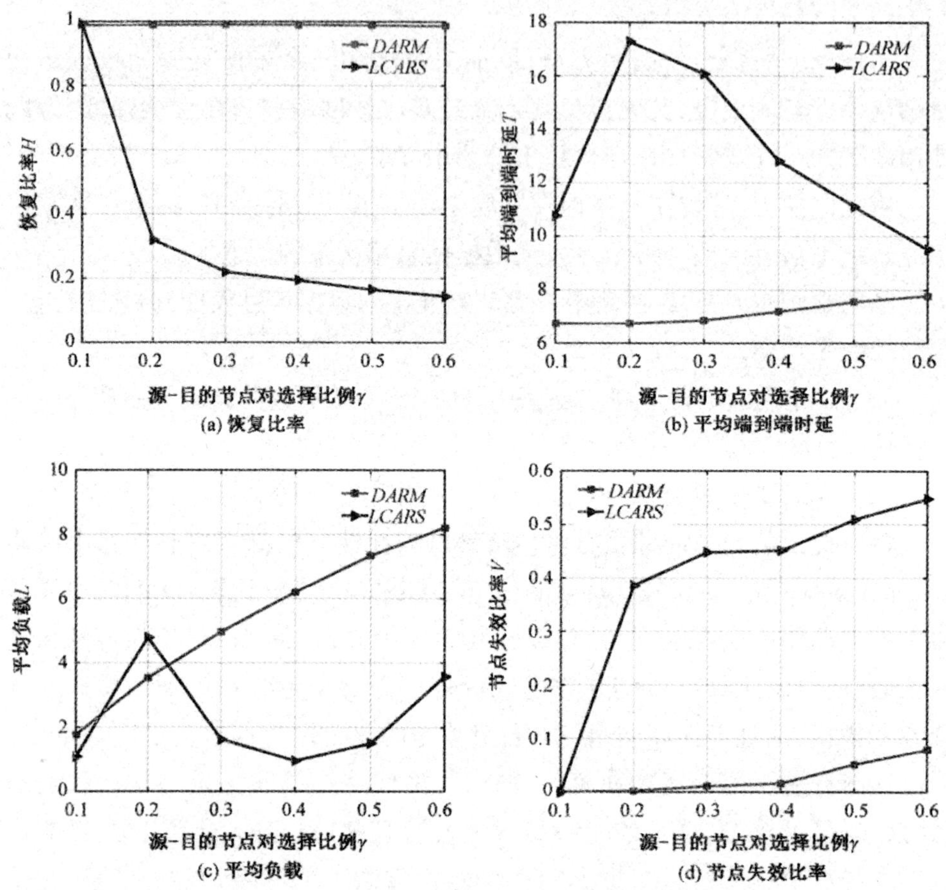

图 7-4　源-目的节点对选择比例对网络性能影响情况

从图 7-4(a)可以看出,DARM 的网络恢复比率明显高于 LCARS,且几乎不受源-目的节点对选择比例 γ 变化的影响,始终保持在 97%以上。而其平均端到端时延随着 γ 的增大而略有增加,但始终低于 LCARS(见图 7-4(b))。这主要是因为,LCARS 路由的数据信息会随着 γ 增大而线性增加,当 γ 超过一定值时,网络中部分节点会因路由信息过大而进入过载状态,由于过载节点不接收数据包,使得节点间的数据传输难以连续进行,进而造成网络拥堵和节点失效,致使端到端传输延时过长和数据信息大量丢失。而 DARM 采用分片逐次路由的方式,依据节点的实时负载率自适应调节路由数据信息的大小,可以使网络有效规避因路由信息过大而拥塞,保证网络畅通传输信息。进一步对比两种方法下的网络级联失效性能(见图 7-4(c)和图 7-4(d)),可以看出,DARM 的网络平均负载总体上高于 LCARS,且受 γ

影响较大，并随 γ 的增大而近似成正比例增大。但其节点失效比率较低，受 γ 影响较小，且始终低于 LCARS，在 $\gamma>0.2$ 后随 γ 的增大而略微增大。这是因为，LCARS 的中心节点会因承担路由任务过多而首先失效，而且受拓扑结构限制，需通过这部分失效传输的数据可能没有其余路径可用，致使网络被割裂，以及大量的数据信息被丢弃而使得平均负载减小。而在 DARM 方法下，尽管其平均负载会随着 γ 的增多而增多，但其网络的数据信息分摊在全网络的各个节点上，中心节点承载的信息不会因其承担路由任务增多而线性增大，有效地保护了数据传输的正常运行。

(2) 容量参数 β 对网络性能的影响

参数 β 从 2 到 5 以 0.5 为步长，恶意节点数量 $M=3$，攻击强度 $\theta=0.5$，源-目的节点对选择比例 $\gamma=0.3$，仿真结果如图 7-5 所示。

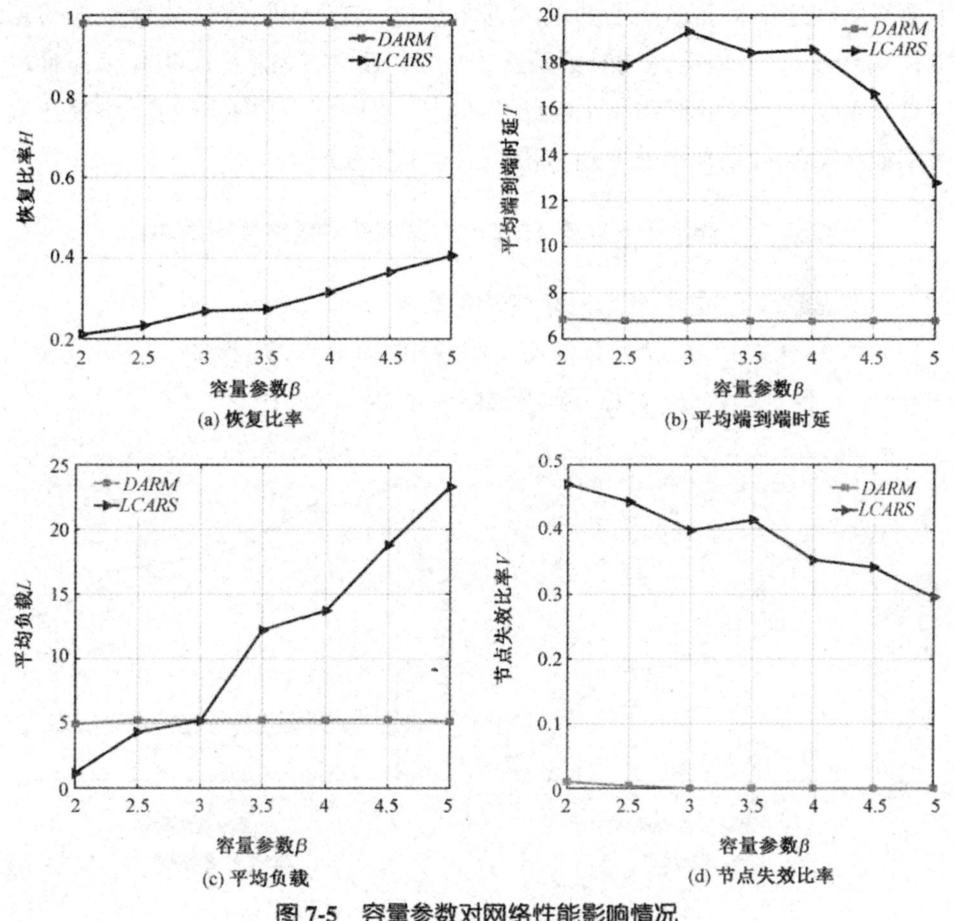

图 7-5　容量参数对网络性能影响情况

从图 7-5 可以看出，LCARS 受容量参数 β 变化影响较大，而 DARM 几乎不受 β 变化影响，且相比于 LCARS，DARM 的网络性能始终保持良好。这是因为，节点的数据信息处理能力随 β 的增大而增强，β 越大网络中节点越不易过载，网络节点间的数据传输越流畅，使得网络拥堵和节点失效发生的概率变小，致使 LCARS 的网络性能呈现图中所示的变化。而 DARM 依据多项式原理和网络节点剩余容量对数据包进行初始分片处理，在满足式(7-6)的同时还需满足数据可恢复条件 $k_{\min}\geqslant 2$。因此，在 β 达到一定值($\beta=2$)后，网络中各源节点始终对数据包分 2 片处理，使得 DARM 下的网络性能不随 β 变化而变化。

前文在无蓄意攻击情况下，分析了源-目的节点对选择比例 γ 和容量参数 β 对两种路由方法下的网络性能的影响。对比 LCARS，可以得出 DARM 下的网络恢复比率和平均端到端时延明显优于 LCARS，其恢复比率始终保持在 97%以上，平均端到端时延始终低于 8。此外，验证了 DARM 可以使网络具有更强鲁棒性的同时，还得到了可以使两种路由方法下的网络处于自由流动状态的 γ 和 β 参数取值范围($\gamma\leqslant 0.1$ 和 $\beta\geqslant 2$)。

实验二　恶意节点数量 M 和攻击强度 θ 对网络性能的影响

(1) 恶意节点数量 M 对网络性能的影响

参数 M 从 1 到 10 以 1 为步长，攻击强度 $\theta=0.5$，源-目的节点对选择比例 $\gamma=0.1$，容量参数 $\beta=2$，仿真结果如图 7-6 所示。

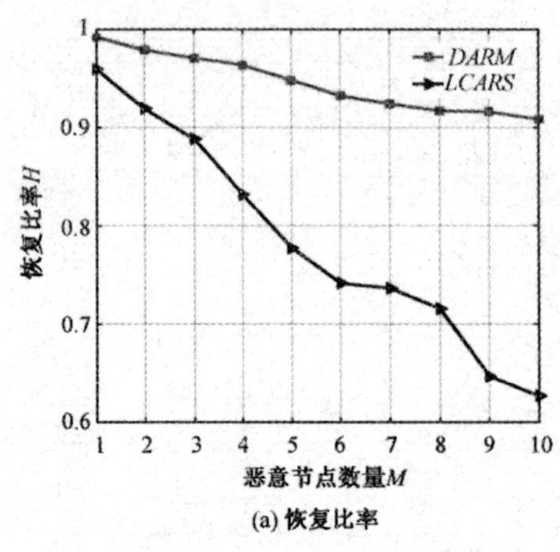

(a) 恢复比率

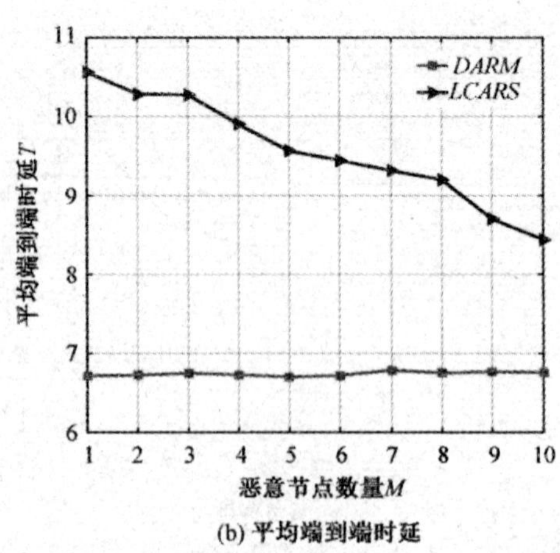

(b) 平均端到端时延

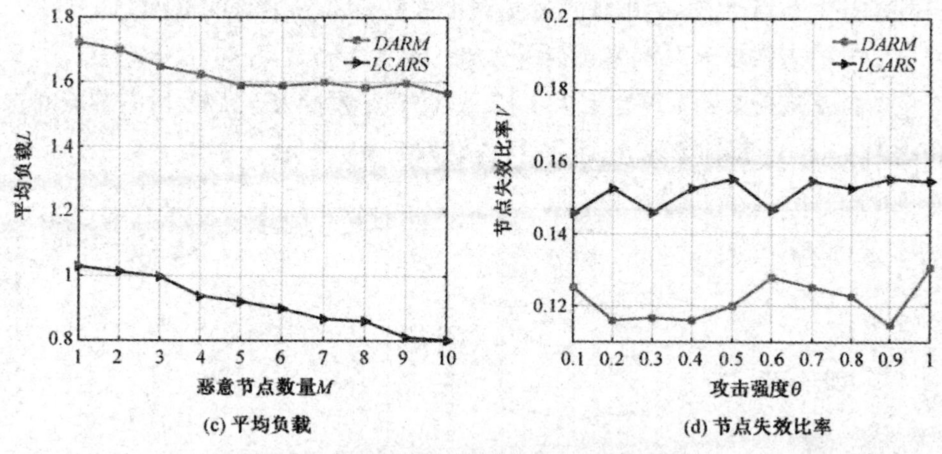

(c) 平均负载

(d) 节点失效比率

图 7-6 恶意节点数量对网络性能影响情况

从图 7-6(a)和图 7-6(b)中可以看出,DARM 的恢复比率和平均端到端时延优于 LCARS。LCARS 的恢复比率和平均端到端时延均随着恶意节点数量 M 的增多而逐渐降低,而 DARM 的恢复比率随恶意节点增多而减少的趋势较 LCARS 平缓,且其平均端到端时延几乎不受 M 的变化影响。这是因为,网络发生选择性转发攻击的次数会随着恶意节点数量的增多而相应增加,DARM 基于最短路径集合中路径路由成功概率添加的冗余数据片段也相应增多,但为了保持网络畅通和数据可恢复性,其所能添加的冗余数据片段有限,因此使网络保持较低的平均端到端时延的同时,其恢复比率随 M 增多而下降缓慢。而在 LCARS 中没有考虑恶意攻击因素对网络数据传输的破坏,无法对恶意节点丢失的信息进行恢复,因此使得网络的恢复比率随着 M 增多而快速下降。此外,受无标度拓扑结构限制,LCARS 可用的路由路径较少,部分关键节点较容易过载,致使网络平均端到端时延高于 DARM,但网络负载量会随 M 的增多而有所下降,有效降低节点过载的发生概率,使得网络平均端到端时延随着恶意节点数量 M 的增多而逐渐降低。进一步对遭受蓄意攻击的网络进行级联失效性能分析,如图 7-6(c)和图 7-6(d)所示。可以看到移除前 10%负载最大的节点,网络达到稳定状态后,DARM 的平均负载明显高于 LCARS,但其节点失效比率确低于 LCARS。这主要是因为,LCARS 受网络路径数限制,会使网络的大量负载汇聚在少部分中心节点上,这些节点被攻击或失效后致使其邻居节点失效的可能性较大,并且网络因节点失效而被丢弃的负载也较多。而在 DARM 方法下,网络中节点负载被均衡在各个节点上，不会出现大量负载汇聚在少部分节点的情况。

(2) 攻击强度 θ 对网络性能的影响

参数 θ 从0.1到1以0.1为步长，恶意节点数量 $M=5$，源-目的节点对选择比例 $\gamma=0.1$，容量参数 $\beta=2$，仿真结果如图7-7所示。

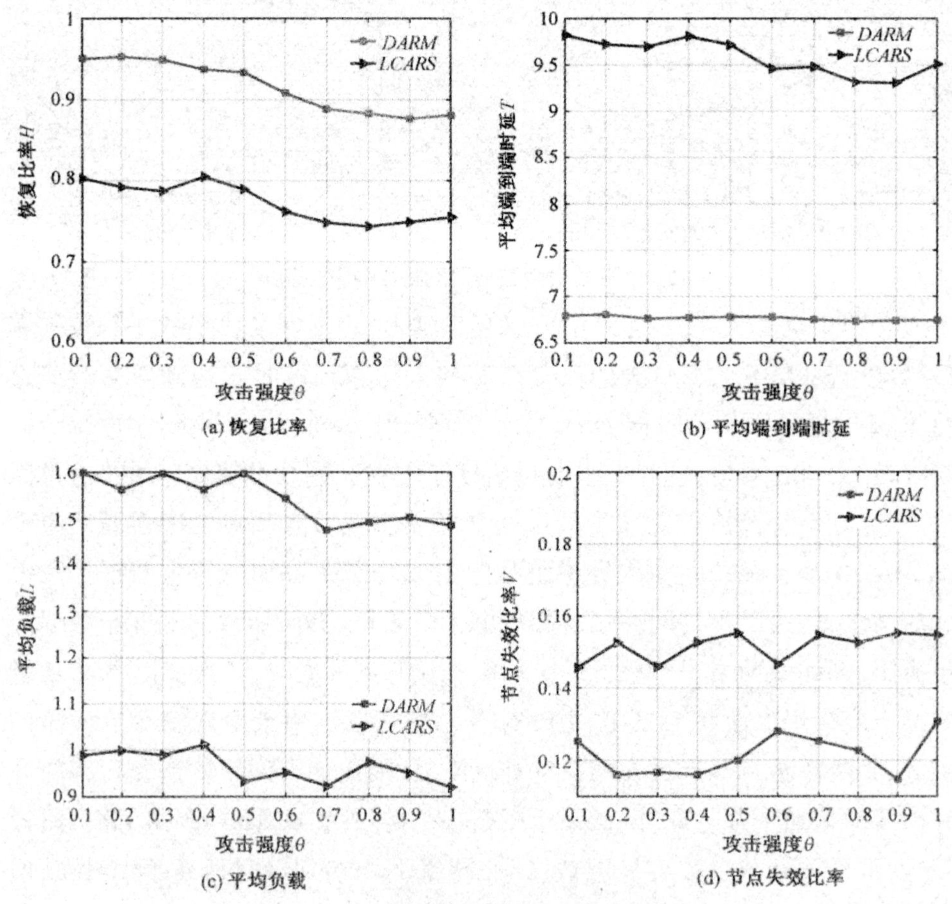

图7-7 攻击强度对网络性能影响情况

由图7-7可以看出，两种路由方法在不同攻击强度 θ 下的网络性能表现与在不同恶意节点数量下的网络性能表现相似，只是受参数变化影响程度略有不同，两种路由方法下的网络性能受参数 θ 变化影响程度要低于参数 M。这是因为，在网络正常运行过程中，数据信息的缺失是由恶意节点发动选择性转发攻击所导致的，且两种路由方法下的网络负载均随 θ 和 M 的增大而相应减少，使得DARM和LCARS数据信息的恢复比率 H（见图7-7(a)）和级联失效稳定后的网络平均负载 L（见图7-7(c)）有所降低，LCARS的平均端到端时延(见图 7-7(b))稍有下降。但网络数据信息的缺失量受 θ 和 M 的影响程度不同。在攻击强度 θ 一定时,恶意节点发动选择性攻击的次数会随 M 的增大而成比例增多,使得网络被恶意节点丢弃的数据信息也随 M 的增大而近似成比例增多。而在恶意节点数量 M 一定时,由于本章的攻击强度 θ 是基于数据包数量界定的,使得攻击强度 θ 对网络信息缺失量的影响会随途径恶意节点的数据包数量的减少而相应减小。例如途径恶意节点的数据包数量为 1 时,无论 θ 为 1 还是 0.1,恶意节点发动选择性转发攻击均会将数据包丢弃。

综合考虑恶意节点数量 M 和攻击强度 θ 对网络性能的影响,可以得出:在网络处于自由流动状态时,与 LCARS 相比较,DARM 下的网络抵御选择性转发攻击的能力优于 LCARS,而且网络运行至稳定状态后抵御蓄意攻击的级联失效鲁棒性也优于 LCARS。

综上,本章路由方法主要有三方面优势:第一,增加适当冗余,采用多项式原理恢复原始数据,可有效抵御选择性转发攻击;第二,根据节点容量和负载自适应地进行数据切片传输,合理分配网络负载,可增强网络抵御级联失效的鲁棒性;第三,该路由方法采取了可选最短路径集(单/多路径)进行数据传输,拓展了该路由方法的网络适用范围。

7.6 本章小结

针对选择性转发攻击下的无标度网络级联失效问题,本章提出了一个分布式安全路由方法。该方法基于多项式原理,通过对数据包的合理切分和采取分片多路径逐次向目的节点路由数据信息的方式,不仅能通过增加冗余实现原始数据恢复,还避免因冗余量过多而致使网络鲁棒性降低。仿真结果表明,该路由方法不仅能使网络保持高数据恢复率,可有效抵御选择性转发攻击,还能很好地均衡网络负载,使网络在节点容量相对较小时仍可以正常进行数据传输,可避免大规模级联失效。此外,通过与其他路由方法比较,其对蓄意攻击的抵御能力更强,数据传输的端到端时延更低,能有效增强网络抗级联失效的鲁棒性。

参考文献

[1] Temene N, Sergiou C, Georgiou C, et al. A survey on mobility in wireless sensor networks[J]. Ad Hoc Networks, 2022(125): 102726.

[2] Potdar V, Sharif A, Chang E. Wireless sensor networks: a survey[C]. AINA, 2009: 636-641.

[3] Rahaman M M, Azharuddin M. Wireless sensor networks in agriculture through machine learning: a survey[J]. Computers and Electronics in Agriculture, 2022(197): 106928.

[4] Chong C Y, Kumar S P. Sensor networks: evoluation, opportunities, and challenges[J]. Proceedings of the IEEE, 2003, 91(8): 1247-1256.

[5] Semeer T, Nael B A, Wendi H. A taxonomy of wireless micro-sensor network models[J]. Mobile Computing and Communications Review, 2002, 6(2): 28-36.

[6] Warneke B, Last M, Liebowitz B, et al. Smart dust: communicating with a cubic-millimeter computer[J]. Computer, 2001, 34(1): 44-51.

[7] Pottie G J, Kaiser W J. Wireless integrated network sensors[J]. Communications of the ACM, 2000, 43(5): 51-58.

[8] http://www-mtl. mit. edu/researchgroups/icsystems/uamps/

[9] Yao K. Sensor networking: concepts applications, and challenges[J]. Acta Automatica Sinica, 2006, 32(6): 839-845.

[10] Kawadia V. Protocols and architecture for wireless ad hoc networks[D]. Thesis of University of Illinois, 2004: 3-15.

[11] David M, Thaddeus F J, Matt W, et al. CodeBlue: an ad hoc sensor network infrastructure for emergency medical care[C]. Proceedings of the MobiSys Workshop on Applications of Mobile Embedded Systems, 2004: 1-21.

[12] Shamim N P, Gregory L F, Sukun K, et al. Design and implementation of scalable wireless sensor network for structural monitoring[J]. Journal

of Infrastructure System, 2008, 14(1): 89-101.

[13] Stattner E, Vidot N, Hunel P, et al. Wireless sensor networks for habitat monitoring: a counting heuristic[C]. LCN, 2012: 753-760.

[14] Huang F X. The design of the gateway based on arm and its application in the intelligent fire control system[J]. International Journal of Digital Content Technology and its Applications, 2012, 6(8): 275-282.

[15] Alemdar H, Ersoy C. Wireless sensor networks for healthcare: a survey [J]. Computer Networks, 2010, 54(15): 2688-2710.

[16] Awoyemi B S, Maharaj B T. Improving link failure restoration in next-generation wireless sensor networks[J]. Array, 2022(14): 100147.

[17] Mohanapriya M, Krishnamurthi I. Modified DSR protocol for detction and removal of selective black hole attack in MANET[J]. Computers & Electrical Engineering, 2014, 40(2): 530-538.

[18] Suma S, Harsoor B. An approach to detect black hole attack for congestin control utilizing mobilie nodes in wireless sensor network[J]. Materialstoday: Proceedings, 2022, 56(4): 2256-2260.

[19] Govindasamy J, Punniakody S. A comparative study of reactiev, proactive and hybrid routing protocol in wireless sensor network under wormhole attack[J]. Journal of Electrical Systems and Information Technology, 2018, 5(3): 735-744.

[20] Detecting sybil attacks in clustered wireless sensor networks based on energy trust system (ETS) [J]. Computer Comunications, 2017(110): 75-82.

[21] Keerthika M, Shanmugapriya D. Wireless sessor networks: active and passive attacks - vulnerabilities and countermeasures[J]. Global Transitions Proceedings, 2021, 2(2): 362-367.

[22] Challal Y, Ouadjaout A, Lasla N, et al. Secure and efficient disjoint multipath construction for fault tolerant routing in wireless sensor networks[J]. Journal of Network and Computer Applications, 2011, 34 (4): 1380-1397.

[23] Hajibegloo M, Javadi A. Fast fault detection in wireless sensor networks

[C]. DICTAP, 2012: 62-66.

[24] Michaelides M P, Laoudias C, Panayiotou C G. Fault tolerant target localization and tracking in wireless sensor networks using binary data[C]. GLOBECOM, 2011: 1-6.

[25] Wang L M, Ma J F. Self-regeneration based method for topology control with intrusion tolerance in wireless sensor networks[J]. Computer Research and Development, 2009, 46(10): 1678-1685.

[26] http://www.gov.cn/jrzg/2006-02/09/content_183787.htm

[27] Fang W D, Zhang W X, Yang W, et al. Trust management-based and energy efficient herarchical routing protocol in wireless sensor networks [J]. Digital Communications and Networks, 2021, 7(4): 470-478.

[28] Yang Y, Wu Y Q, Yuan H J, et al. Nodes clustering and multi-hop routing protocol optimization using hybrid chimp optimization and hunger games search algorithms for sustainable energy efficient underwater wireless sensor networks[J]. Sustainable Computing: Informatics and Systems, 2022(35): 100731.

[29] Karlof C, Wagner D. Secure routing in wireless sensor networks: attacks and countermeasures[J]. Ad Hoc Networks, 2003(1): 293-315.

[30] 尹荣荣. 无线传感器网络容错拓扑结构特征分析及其控制算法研究[D]. 秦皇岛:燕山大学,2013.

[31] Barabasi A L, Albert R. Emergence of scaling in random networks[J]. Science, 1999, 286(5439): 509-512.

[32] Cohen R, Erez K, Ben-Avraham D, et al. Resilience of the internet to random breakdowns[J]. Physical Review Letters, 2000, 85(21): 4626-4628.

[33] Cohen R, Erez K, Ben-Avraham D, et al. Breakdown of the internet under intentional attack[J]. Physical Review Letters, 2001, 86(16): 3682-3685.

[34] Callaway D S, Newman M E J, Strogatz S H, et al. Network robustness and fragility: percolation on random graphs[J]. Physical Review Letters, 2000, 85(25): 5468-5471.

[35] Crucitti P, Latora V, Marchiori M, et al. Error and attack tolerance of complex networks[J]. Physica A: Statistical Mechanics and its Applications, 2004, 340(1-3): 388-394.

[36] 姜禹,胡爱群,潘婷婷. 一种评价通信网节点重要性的新方法——节点孤立法[J]. 高技术通讯,2008,18(7):673-678.

[37] 郭伟. 野战地域通信网可靠性的评价方法[J]. 电子学报,2000,28(1):3-6.

[38] 吴俊,谭跃进,邓宏钟,等. 考虑级联失效的复杂负载网络节点重要度评估[J]. 小型微型计算机系统,2007,28(4):627-630.

[39] 周漩,张凤鸣,李克武,等. 利用重要度评价矩阵确定复杂网络关键节点[J]. 物理学报,2012,61(5):1-7.

[40] 张品,董志远,沈政. 用于评价通信网节点重要性的多参数优化算法[J]. 计算机工程,2013,39(6):95-98.

[41] 李泽鹏,左杨,王宏宇. 基于社交网络结构的节点影响力度量方法[J]. 电子学报,2016,44(12):2967-2974.

[42] Nardelli E, Proietti G, Widmayer P. Finding the most vital node of a shortest path[J]. Theoretical Computer Science, 2001(296): 167-177.

[43] 张童,王劲松,雷锟. 基于多属性决策的网络攻击节点选择研究[J]. 现代防御技术,2016,44(3):71-77.

[44] 王欣,姚佩阳,周翔翔,等. 指挥信息系统网络节点重要度评估方法[J]. 北京邮电法学学报,2011,34(4):38-42.

[45] 余江涛,陈兴. 电力通信网中基于网络汇聚度的节点重要性评价方法[J]. 信息通信,2016(8):39-41.

[46] 洪增林,刘冰砚,张亚培. 复杂网络在交通网络节点重要度评估中的应用[J]. 西安工业大学学报,2014,34(5):404-410.

[47] Wu Y P, Chen Z L, Zhao X D, et al. Robutst analysis of cascading failures in complex networks[J]. Physica A: Statistical Mechanics and its Applications, 2021(583): 126320.

[48] Y in R R, Liu B, Liu H R, et al. Research on invulnerability of the random scale-free network against cascading failure[J]. Physica A: Statistical Mechanics and its Applications, 2016(444): 458-465.

[49] Sun S, Ma Y, Li R, et al. Tabu search enhances network robustness under targeted attacks[J]. Physica A: Statistical Mechanics and its Applications, 2016(446): 82-91.

[50] Rong L, Liu J.. A heuristic algorithm for enhancing the robustness of scale-free networks based on edge classification[J]. Physica A: Statistical Mechanics and its Applications, 2018(503): 503-515.

[51] Qiu T, Zhao A, Xia F, et al. ROSE: Robustness strategy for scale-free wireless sensor networks[J]. IEEE/ACM Transactions on Networking, 2017, 25(5): 2944-2959.

[52] Qiu T, Liu J, Si W, et al. Robustness optimization scheme with multi-population co-evolution for scale-free wireless sensor networks[J]. IEEE/ACM Transactions on Networking, 2019, 27(3): 1028-1042.

[53] Zhang X, Xu G, Xia Y. Optimal defense resource allocation in scale-free networks[J]. Physica A: Statistical Mechanics and its Applications, 2018(492): 2198-2204.

[54] Yi C, Bao Y, Jiang J, et al. Modeling cascading failures with the crisis of trust in social networks[J]. Physica A: Statistical Mechanics and its Applications, 2015(436): 256-271.

[55] Lekha D S, Balakrishnan K. Central attacks in complex networks: A revisit with new fallback strategy[J]. Physica A: Statistical Mechanics and its Applications, 2020(549): 124347.

[56] Zhou M, Liu J. A two-phase multiobjective evolutionary algorithm for enhancing the robustness of scale-free networks against multiple malicious attacks[J]. IEEE transactions on cybernetics, 2016, 47(2): 539-552.

[57] Gao Y L, Chen S M, Nie S, et al. Robustness analysis of interdependent networks under multiple-attacking strategies[J]. Physica A: Statistical Mechanics and its Applications, 2018(496): 495-504.

[58] 黎阳,王哲,张楚文,等.面向车载自组织网络路由的轨迹预测算法[J].计算机研究与发展,2017,44(11):2421-2433.

[59] 徐甫.基于规范的贪婪边界无状态路由入侵检测方法[J].计算机工程,2017,43(4):133-140.

[60] 胡蓉华,董晓梅,王大玲. 无线传感器网络节点复制攻击和女巫攻击防御机制研究[J]. 电子学报,2015,43(4):743-752.

[61] Zhang H, Shen H. Energy-efficient beaconless geographic routing in wireless sensor networks [J]. IEEE Transactions on Parallel and Distributed Systems, 2010, 21(6): 881-896.

[62] Elrahim A G A, Elsayed H A, Ramly S E, et al. An energy aware WSN geographic routing protocol[J]. Universal Journal of Computer Science and Engineering Technology, 2010,1(2): 105-111.

[63] 刘衍珩,张婧,王健. TrANTHOCNET:信任性蚁群自组织路由算法[J]. 电子学报,2012,40(2):319-326.

[64] Blum B, He T, Son S, et al. IGF:A state-free robust communication protocol for wireless sensor networks[R]. Department of Computer Science,University of Virginia, USA,Tech. Rep. CS-2003-11, 2003.

[65] Wood A, Fang L, Stankovic J, et al. SIGF:a family of configurable, secure routing protocols for wireless sensor networks[C]//Proc. of the 4th ACM Workshop on Security of Ad hoc and Sensor Networks. New York: ACM Press, 2006: 35-48.

[66] Lou W, Kwon Y. H-SPREAD:a hybrid multipath scheme for secure and reliable data collection in wireless sensor networks[J]. IEEE Trans Veh Technol, 2016(55): 1320-1330.

[67] Tao S, Krunz M, Sisi L. Secure data collection in wireless sensor networks using randomized dispersive routes[J]. IEEE Trans Mob Comput, 2010(9): 941-954.

[68] 郑博,张衡阳,王宝良,等. 航空自组网负载均衡地理路由策略[J]. 通信学报,2016,37(12):67-76.

[69] Sha K W, Gehlot J, Greve R. Multipath Routing Techniques in Wireless Sensor Networks: A survey [M]. Wireless Personal Communications, 2013(70): 807-829.

[70] Marina M K, Das S R. Ad hoc on-demand multipath distance vector routing: research article[J]. Wireless Communications and Mobile Computing, 2006(6): 969-988.

[71] 滕志军,张帆,宋明辉. 无线传感器网络能量均衡蚁群路由算法[J]. 吉林大学学报(工学版),2016,46(1):327-332.

[72] 高云龙,闫鹏. 基于多种群粒子群算法和布谷鸟搜索的联合寻优算法[J]. 控制与决策,2016,31(4):601-608.

[73] Ding Y S, Chen R, Hao K G. A rule-driven multi-path routing algrotihm with dynamic immune clustering with dynamic immune clustering for event-driven wireless sensor networks [J]. Neurocomputing, 2016 (203): 139-149.

[74] Su S C, Zhao S G. An optimal clustering mechanism based on Fuzzy-C means for wireless sensor networks[J]. Sustainable Computing: Informatics and Systems, 2018(18): 127-134.

[75] Xhafa F, Barolli A, Sanchez C, et al. A simulated annealing algorithm for router nodes placement problem in wirelss mesh networks, 2011, 19 (10): 2276-2284.

[76] Li H B, Wang S F, Chen Q. IPSMT: Multi-objective optimization of multipath transmission strategy based on improved immune particle swarm algorithm in wireless sensor networks[J]. Applied Soft Computing, 2022 (121): 108705.

[77] Zeinali M S, Mahmud M, Katsuma Y T R. Improve the Routing Algorithm in Wireless Sensor Networks Using a Reinforcement Learning Strategy[J]. International Journal of Computer Networks & Communications Security, 2017, 5(6): 49-60.

[78] Tiago C, Carlos C, Jorge S S, et al. An energy-efficient ant-based routing algorithm for wireless sensor networks[J]. Ant Colony Optimization and Swarm Intelligence, 2006,4150: 49-59.

[79] Hussain S, Matin A. W, Islam O. Genetic algorithm for hierarchical wireless sensor networks [J]. Journal of Networks, 2007, 2(5): 87-97.

[80] Liu F. A wireless sensor routing and security protocol by BP neural network and ant colony optimization algorithm[J]. Journal of Chemical and Pharmaceutical Research, 2015, 6(6): 526-533.

[81] Khashan O A, Ahmad R, Khafajah N M. An automated lightweight en-

cryption scheme for secure and energy-efficient communication in wireless sensor networks[J]. Ad Hoc Networks, 2021(115): 102448.

[82] Chen X, Makki K, Yen K, et al. Sensor network security: a survey[J]. IEEE Communications Surveys & Tutorials, 2009, 11(2): 52-73.

[83] Yin R, Zhao N, Xu Y. An selective forwarding attack considered routing protocol for scale-free network[C]//2020 12th International Symposium on Communication Systems, Networks and Digital Signal Processing (CSNDSP). IEEE, 2020: 1-6.

[84] Siasi N, Aldalbahi A, Jasim M A. Reliable transmission scheme against security attacks in wireless sensor networks[C]//2019 International Symposium on Networks, Computers and Communications (ISNCC). IEEE, 2019: 1-6.

[85] Sakai K, Sun M T, Ku W S, et al. Secure data communications in wireless networks using multi-path avoidance routing[J]. IEEE Transactions on Wireless Communications, 2019, 18(10): 4753-4767.

[86] Ding J, Zhang H, Guo Z, et al. The DPC-based scheme for detecting selective forwarding in clustered wireless sensor networks[J]. IEEE Access, 2021(9): 20954-20967.

[87] Shila D M, Cheng Y, Anjali T. Mitigating selective forwarding attacks with a channel-aware approach in WMNs[J]. IEEE transactions on wireless communications, 2010, 9(5): 1661-1675.

[88] Ren J, Zhang Y, Zhang K, et al. Adaptive and channel-aware detection of selective forwarding attacks in wireless sensor networks[J]. IEEE Transactions on Wireless Communications, 2016, 15(5): 3718-3731.

[89] Abdalzaher M S, Muta O. A game-theoretic approach for enhancing security and data trustworthiness in IoT applications[J]. IEEE Internet of Things Journal, 2020, 7(11): 11250-11261.

[90] Mathur A, Newe T. Medical WSN: Defense for selective forwarding attack[C]//2015 9th International Conference on Sensing Technology (ICST). IEEE, 2015: 54-58.

[91] Poongodi T, Khan M S, Patan R, et al. Robust defense scheme against

selective drop attack in wireless ad hoc networks[J]. IEEE Access, 2019(7): 18409-18419.

[92] Wang R, Zhang Z, Zhang Z, et al. ETMRM: an energy-efficient trust management and routing mechanism for SDWSNs[J]. Computer Networks, 2018(139): 119-135.

[93] Yang T, Xiangyang X, Peng L, et al. A secure routing of wireless sensor networks based on trust evaluation model[J]. Procedia Computer Science, 2018(131): 1156-1163.

[94] Anwar R W, Zainal A, Outay F, et al. BTEM: Belief based trust evaluation mechanism for wireless sensor networks[J]. Future Generation Computer systems, 2019(96): 605-616.

[95] Qureshi K N, Iftikhar A, Bhatti S N, et al. Trust management and evaluation for edge intelligence in the Internet of Things[J]. Engineering Applications of Artificial Intelligence, 2020(94): 103756.

[96] Stavrou E, Pitsillides A. Recovering from the selective forwarding attack in WSNs[C]. 2014 International Wireless Communications and Mobile Computing Conference (IWCMC), 2014.

[97] Pu C, Lim S. A light-weight countermeasure to forwarding misbehavior in wireless sensor networks: design, analysis, and evaluation[J]. IEEE Systems Journal, 2016, 12(1): 834-842.

[98] Siasi N, Aldalbahi A, Jasim M A. Reliable transmission scheme against security attacks in wireless sensor networks[C]//2019 International Symposium on Networks, Computers and Communications (ISNCC). IEEE, 2019: 1-6.

[99] Heurtefeux K, Erdene-Ochir O, Mohsin N, et al. Enhancing RPL resilience against routing layer insider attacks[C]//2015 IEEE 29th International Conference on Advanced Information Networking and Applications. IEEE, 2015: 802-807.

[100] Mohan P M, Gurusamy M, Lim T J. Dynamic attack-resilient routing in software defined networks[J]. IEEE Transactions on Network and Service Management, 2018, 15(3): 1146-1160.

[101] Ozik J, Hunt B R, Ott E. Growing networks with geographical attachment prefrence: emergence of small worlds[J]. Physical Review E-Statistical, Nonlinear, and Soft Matter Physics, 2004, 69(22): 1-5.

[102] Zhu H L, Luo H, Peng H P, et al. Complex networks-based energy-efficient evolution model for wireless sensor networks[J]. Chaos, Solitons and Fractals, 2009, 41(4): 1828-1835.

[103] Freeman LC. A set of measures of centrality based upon betweenness [J]. Sociometry, 1997, 40(1): 35-41.

[104] 许进,席酉民,汪应洛. 系统的核与核度理论[J]. 系统科学与数学, 1993,13(2):102-110.

[105] 熊金石,李建华. 基于核与核度理论的网络拓扑结构抗毁性分析[J]. 电讯技术,2013,53(4):467-469.

[106] Larry Page, Sergey Brin. The anatomy of a large-scale hypertextual web search engine[J]. Computer Networks, 1998(30): 107-117.

[107] Kleinberg J M. Authoritative sources in a hyperlinked environment[J]. Journal of the ACM, 1999, 46(5): 604-632.

[108] Burt R S. The network structure of social capital[J]. Research in Organizational Behavior, 2000(22): 345-423.

[109] 夏立新,郑路,翟姗姗,等. 基于结构洞理论的虚拟社区边缘用户信息资源推荐模型构建研究[J]. 情报理论与实践,2017,40(2):1-6.

[110] Kitsak M, Gallos LK, Havlin S, et al. Identification of influential spreaders in complex networks[J]. Nat Phys, 2010, 6(11): 888-893.

[111] Carmi S, Havlin S, Kirkpatrick S, et al. A model of Internet topology using k-shell decomposition[J]. Proc Natl Acad Sci USA, 2007, 104(27): 11150-11154.

[112] Zeng A, Zhang CJ. Ranking spreaders by decomposing complex networks[J]. Phys Lett A, 2013, 377(14): 1031-1035.

[113] 马翊华,康凯. 基于非线性和剩余容量的网络级联失效模型[J]. 系统仿真学报,2013,25(5):876-881.

[114] 徐晓斌,张光卫,王尚广,等. 基于轻量云模型的 WSN 不确定性信任表示方法[J]. 通信学报,2014,35(2):63-69.

[115] 刘常昱,冯芒,戴晓军,等. 基于云 X 信息的逆向云新算法[J]. 系统仿真学报,2004,16(11):2417-2420.

[116] 李德毅. 知识表示中的不确定性[J]. 中国工程科学,2000,2(10):73-79.

[117] Sajjad S M, Bouk S H, Yousaf M. Neighbor Node Trust based Intrusion Detection System for WSN [J]. Procedia Computer Science, 2015(63): 183-188.

[118] Prabhakar A, Anjali T. Mitigating selective Gray Hole Attack in wireless multi-hop network[C]// International Conference on Wireless Communications, Signal Processing and Networking, 2017: 1223-1227.

[119] Ahmad A, Alajeely M, Doss R. Reputation based malicious node detection in OppNets [C]// International Joint Conference on Computer Science and Software Engineering. IEEE, 2016: 1-6.

[120] Adnan A, Kamalrulnizam A B, Muhammaduh I C. A Secure Routing Protocol with Trust and Energy Awareness for Wireless Sensor Network[J]. Mobile Netw Appl, 2016(21): 272-285.

[121] 王楷,邓仲芬,石为人,等. 基于多属性决策的 WSNs 分布式能量均衡路由[J]. 仪器仪表学报,2012,33(4):955-960.

[122] Albert R, Barabási A L. Statistical mechanics of complex networks[J]. Reviews of Modern Physics, 2002, 74(1): 1-54.

[123] 解文斌,鲜明,陈永光. 基于等概率路由模型的传感器网络负载均衡研究[J]. 电子与信息学报,2010,32(5):205-211.

[124] Song X C, Sun Q T, Zhao Y S. Stochastic deployment WSNs multi-ring Poisson exponential load equilibrium distribution[C]. Computer Application Research, 2015: 1830-1835.

[125] J Asha, D Newthb. Optimizing complex networks for resilience against cascading failure[J]. Physica A, 2015, 5(380): 673-683.

[126] Zhu Q, Nie J, Zhu Z, et al. Modeling and analyzing cascading dynamics of the Internet based on local congestion information[J]. Physica A: Statistical Mechanics and its Applications, 2018(499): 298-309.